UX-CROSS

卡 洛 斯 学 院

THINKING · · ·

UX-CROSS · · ·

PRACTICE · · ·

SAMPLE OF · ·

INTERACTION

DESIGN · · · ·

跨界思维
交互设计实践

张劲松　吕　欣　余永海　著

ZHEJIANG UNIVERSITY PRESS
浙江大学出版社

图书在版编目（CIP）数据

跨界思维:交互设计实践 / 张劲松,吕欣,余永海
著. —杭州：浙江大学出版社，2016.12（2018.1重印）
ISBN 978-7-308-16273-9

Ⅰ.①跨… Ⅱ.①张… ②吕… ③余… Ⅲ.①人－机
系统－系统设计 Ⅳ.①TP11

中国版本图书馆 CIP 数据核字（2016）第 236604 号

跨界思维——交互设计实践

张劲松　吕　欣　余永海　著

责任编辑	李玲如	
责任校对	潘晶晶　　汪淑芳	
封面设计	续设计	
出版发行	浙江大学出版社	
	（杭州市天目山路 148 号　邮政编码 310007）	
	（网址:http://www.zjupress.com）	
排　　版	杭州中大图文设计有限公司	
印　　刷	浙江海虹彩色印务有限公司	
开　　本	889mm×1194mm　1/16	
印　　张	6.75	
字　　数	156 千	
版 印 次	2016 年 12 月第 1 版　2018 年 1 月第 2 次印刷	
书　　号	ISBN 978-7-308-16273-9	
定　　价	38.00 元	

序

光阴荏苒，日月如梭，当年在岳麓山脚下那座四合院里刻苦读书的年轻人，如今在西湖边扎下根来，在设计教育和实践中闯出了一番天地。 他们在湖南大学学会了做人做事的方法，也学会了跨界思维，就像我们当初从建筑、机械和艺术等领域跨界来到工业设计，成为中国第一代工业设计教育者一样，他们也从工业设计跨界来到这个崭新的交互设计领域，取得了令人瞩目的成绩。 劲松是个不断挑战自我的领导者，他创立的跨界科技已经成为中国最优秀的交互设计公司之一；吕欣是个低调而睿智的管理者，他领导着一个专业团队；永海和我曾经在湖大共事十年，是个特别喜欢琢磨新玩意的人。 也许正是对新鲜事物保持着敏锐的洞察力，他们走在了时代的前面，将工业设计与软件开发相结合，在交互设计领域闯出了自己的道路。

这本书很值得推荐，因为它完全就是交互设计实践的展示。 交互设计的著作有很多，大部分注重理论和知识的讲解，而具体如何设计则讲得不多，初学者一旦要动手做设计的时候，往往缺乏一线人员的设计指导。 这本书恰好相反，它没有去讲解交互设计是什么，也没有介绍交互设计的原则，更没有介绍用户体验的理论，它按照交互设计的全流程来构建大纲，直接讲述交互设计的各项实际工作，具体有哪些事情，这些事他们是如何做的，并以实际项目举例说明。 可以说，这书就像一个模板，大家参考着就能做起来，上手快，非常适合初学者和马上要上岗工作的学员。 这本书也非常珍贵，它展示的是作者十年来的设计实践，是非常难得的第一手资料，能将自己多年实践的秘密拿出来与人分享，这是这本书一个了不起的地方。

本书的书名用了跨界思维，在我看来，交互设计本身就是跨界的学科，它设计的对象也经常是跨界的产品，要想驾驭好设计中的创新，设计师确实需要有点跨界的知识、技能和思维能力。 查理·芒格（巴菲特的合伙人）将跨界思维誉为"锤子"，而将创新研究比作"钉子"，认为"对于一个拿着锤子的人来说，所有的问题看起来像一个钉子"，这形象地诠释了"大"与"小"的辩证。 "形而上者谓之道，形而下者谓之器"。 跨界思维首先是思维模式的转变，只有没有界限的思维跨越，创新才能成为解决问题的"钉子"。

我们身边常见的智能家电就是典型的跨界产品，比如智能电视，现在已经成为集智能、网络、娱乐为一体的客厅娱乐中心。 面对 80 后、90 后为消费主体的时代，商家必须不断创造新卖点，刺激消费者主动升级消费，才能获得市场商机。 智能家电的更新换代速度也因此变快，这给用户体验的设计提出了更高要求。 智能产品的新功能很多，消费者可能没有见过，如果体验、服务跟不上，就会导致功能闲置，智能消费的意义就会大打折扣。 智能家电是互联网行业与家电行业的联姻，这本书有很多创新案例都是源自这些跨界的智能家电。

　　这些年信息产业的大发展为交互设计提供了大舞台，希望越来越多的同学们能学习交互设计，投身到这个体验创新的时代，一起去实现创新中国的梦想。

何人可

2016 年 10 月 1 日

Contents | 目　录

第 一 章

设计调研

设计调研是交互设计的第一阶段工作,这个阶段有很多需要研究的东西,如人、物和环境等,其中用户研究肯定是最重要的一部分。在实践项目中,不同项目或者不同阶段的调研内容和调研目的都会有区别,我们需要随机应变。在这一章,我们给大家提供了几个调研案例,每个案例的具体调研工作会有所不同,但基本的调研模式为"趋势调研""数据调研""人物角色""痛点分析"和"竞品分析"等。这是比较典型的方法。

THINKING

TRANSBOUNDARY

PRACTICE

SAMPLE OF

INTERACTION

DESIGN

1

一、趋势调研

　　"趋势调研"是我们与中国移动合作进行的"可穿戴式设备研究"项目中的调研内容，项目完成时间是 2013 年。 当我们进军新兴领域，或者开发市场上还未成熟的产品时，趋势调研法可以帮助我们了解市场现状和产品的类别框架，并在此基础上挖掘产品设计机会点。

　　一般来说，趋势调研分为 5 个步骤：趋势搜集→样本分类→框架定义→优化框架→寻找机会点。 在可穿戴式设备研究项目中，我们用了 15 天（工作日）来执行趋势调研，主要是调研可穿戴式设备的现状与发展趋势。

1. 趋势搜集（3 天）

　　我们共投入 12～16 人，分成两组，搜集大量目前比较前沿的概念及产品，最后大约搜集了 300 份样本，然后对之进行简单归组、分析和提取趋势关键词。 见图 1-1。

图 1-1　趋势搜集

2. 样本分类（4天）

向"移动可携带设备"这个主题靠拢，对分析获得的几个小趋势进行了细分，最后归纳出两个大类——现代人的虚拟沟通和人与智能化设备媒介。见图 1-2。

图 1-2　样本细分

3. 框架定义（2天）

挑选、归类典型案例，对产品分类进行细化、分析，找出产品设计趋势，制定产品设计趋势的大框架。见图 1-3。

图 1-3　归类分析后，找出设计趋势的大框架

4. 优化框架（4 天）

在定义好大框架后，再去除之前不相关部分的资料，然后每人根据确定好的框架内容再次进行资料搜集，选出大约 200 份资料，再进行细化分类。 见图 1-4。

图 1-4　细化分类，对设计趋势的大框架进行具体优化

5. 寻找机会点（2 天）

根据得出的设计趋势结论进行"头脑风暴"，我们找出了产品设计的机会点、应用场景和功能。 见图 1-5。

图 1-5　寻找机会点

二、数据调研

"数据调研"是我们在与虹软合作进行"Android 智能手机用户研究"项目中的调研内容，项目完成时间是 2010 年。 该项目的数据调研分为 6 个步骤：目标用户定义→用户招募→调研计划→问卷设计→深度访谈→数据分析。 其中，最后一步的数据分析是基于问卷调研的大量信息数据，通过 SPSS 统计分析工具，从而得到产品设计的机会点，是产品设计过程中非常重要的部分。

在 Android 智能手机用户研究项目中，我们主要针对国内在校大学生群体，通过数据调研法探究他们对未来触摸屏智能手机购买及使用的需求与期望。 项目的调研过程介绍如下。

1. 目标用户定义

用户定义：国内高校的专科生、本科生和研究生，已经购买或者使用过触摸屏智能手机以及相关手机互联网应用的用户。

比例：专科生、本科生 80%，研究生 20%。

2.用户遴选与招募

问卷发放的对象是已经购买或者使用过触摸屏智能机的用户，共发问卷 120 多份。

深度访谈用户为 12 人，男女随机抽样，男女比例为 7：5，均为触摸屏手机用户。

用户均签署保密协议，并且留下联系方式。

3.调研计划

调研组情况：研究生 4 人，本科生 6 人，分为 4 组，每组 1 名研究生，本科生随机搭配。

时间安排：2010 年 7 月 1 日至 7 月 5 日为问卷发放和回收；7 月 6 日做问卷统计；7 月 7 日进行统计分析，对访谈提纲做修改；7 月 8 日至 7 月 12 日进行用户访谈；7 月 13 日对访谈数据做分析，进行用户分类等。

问卷情况：问卷发放形式为网络问卷和实地问卷，以实地问卷为主，共回收 121 份有效问卷。

4.问卷设计

通过问卷调查明确大学生用户以下方面的情况：

（1）使用触摸屏手机功能和应用方面的主要趋势（包括使用目标、重要程度、喜好程度、频繁程度、满意程度和感兴趣程度）；

（2）初步确定性别和专业差异的大小；

（3）确定手机购买的主要影响因素；

（4）确定大学生用户对未来付费新功能的态度或期待。

5.深度访谈

根据问卷调查的结果，重点对于大学生用户频繁使用的几项重要功能进行深度访谈。 访谈围绕以下方面展开：

（1）如何使用、涉及什么人或什么事情；

（2）在什么情境下使用；

（3）使用这些功能和服务的目标；

（4）为什么使用这些功能和服务而不是其他功能和服务；

（5）这些功能和服务与大学生生活的关系；

（6）大学生用户对功能和服务的看法或观点。

关于深度访谈的具体方法：

（1）拍照；

（2）面对面访谈；

（3）展示使用的相关产品。

6.数据分析

问卷的统计与分析是调查的重点，也是调研工作的难点。 我们首先对问卷中所有用户的信息数据进行定量分析，主要采用了 SPSS 中的平均值分析（means）、聚类分析（cluster analysis）、探索性因素分析（EFA）和亲和图法（affinity diagramming）等统计分析工具。

对问卷数量化后的原始数据作统计，见图 1-6，分别涉及文理科比例、年级比例、手机来源、手机品牌、手机付费、购买促因和手机使用目标等。

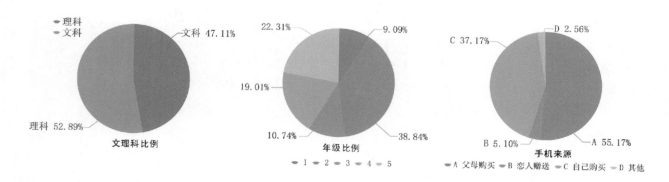

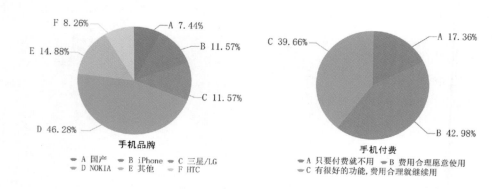

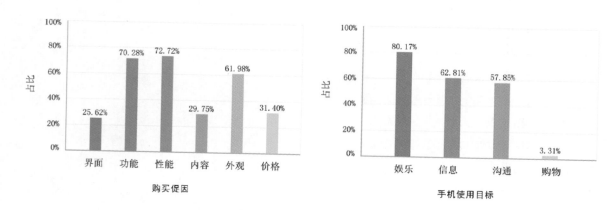

图 1-6　原始数据统计

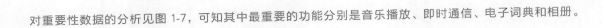

对重要性数据的分析见图 1-7，可知其中最重要的功能分别是音乐播放、即时通信、电子词典和相册。

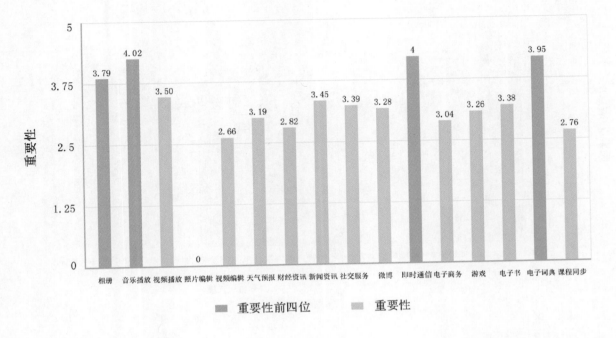

图 1-7　重要性数据分析

对喜好度的数据分析见图 1-8，可见排名前四的是即时通信、音乐播放、相册和电子词典。

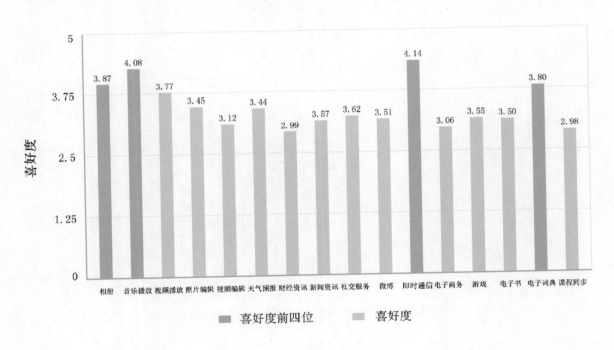

图 1-8　喜好度数据分析

对使用频繁度的数据分析见图 1-9，可见高频繁度的前四位分别是即时通信、音乐播放、相册、电子词典；另外对满意度进行了数据分析，高满意度的前四位分别是音乐播放、相册、即时通信和视频播放。

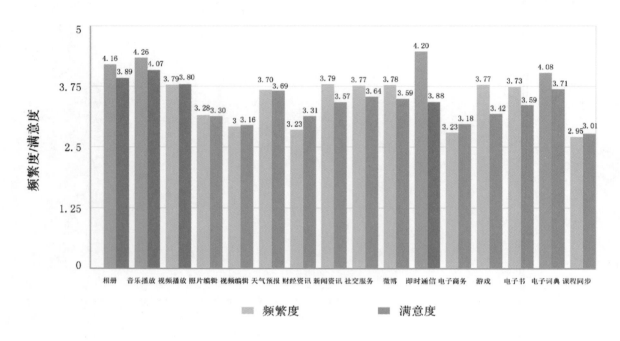

图 1-9　频繁度/满意度数据分析

进一步分析量化的数据，即在 SPSS 中根据量化数据统计机会点：

机会点＝2×重要性－满意度

由图 1-10 可见，高机会点的前 4 位分别是电子词典、即时通信、音乐播放和相册。

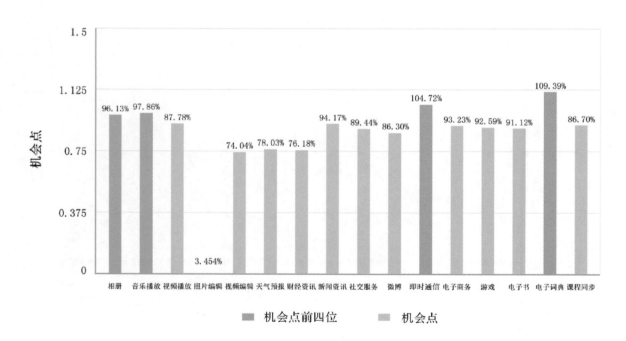

图 1-10　机会点分析

7.机会点和策略

通过 SPSS 统计的排名，结合用户的实际使用情况，我们可以分析得到产品设计的机会点和策略。 这里仅列举分析的其中几点：

（1）电子词典的机会点为 109.395％，排在所有功能中的第一位。 电子词典的重要性排在第二，而满意度才排在第五位，所以有很大的提升空间。

（2）即时通信的机会点排名第二，重要性是 4，排名第二位，满意度是 3.88，排在第三位，还有比较大的提升空间。 目前大学生依赖性比较高的即时通信工具主要是 QQ，但使用 QQ 的过程还是有很多问题，毕竟屏幕太小，聊天不是很方便，另外很多 QQ 强大的功能在客户端上面没有。 如果我们的手机能把 QQ 功能发挥得更充分，将更受到大学生用户的欢迎。

（3）音乐播放功能的机会点为 97.86％，排名第三。 音乐播放的重要性是 4.02， 排名第一；满意度为 4.07，排名第一。 大学生使用手机播放音乐的频率很高，依赖性很大，也有音乐下载的需求，但目前音乐下载多半是通过 PC 下载后导入到手机，所以与音乐相比较，应用下载也许对大学生用户同样重要。

（4）视频编辑、天气、财经等的机会点比较低。

三、人物角色

在虹软的 "Android 智能手机用户研究" 项目中，也用到了基于人物角色（persona）的一系列调研内容，包括角色建模、场景分析、用户期望和设计策略。 角色建模可以帮助我们找出典型用户群，并以用户群体信息来描述和清晰化我们的目标用户，让我们的设计能够更有针对性地满足客户需求。 场景分析可以帮助我们找出典型用户行为，通过观察用户行为，发现用户可能遇到的问题以及他们所期望的功能，从而转化成产品需求。

1.角色建模

我们在前期用户调研中，根据聚类分析的结果，得出大学生群体使用智能手机的行为模式，这些行为模式可以归纳为四种：娱乐型、信息获取型、社交型和综合型（普通型）。 见图 1-11。

	李落天 男/大二/文科/校音乐协会会员	娱乐型
格言	娱乐自己是人类最主要的任务	
专业	播音与主持	
个人状态	在杭州城市长大，进入浙江工业大学后，主修广播学，使用2G触屏手机一年，经常听音乐，对于娱乐信息很关注，喜欢出行，经常拍照摄影，平时用手机玩一些游戏来丰富自己的课余生活，他认为娱乐是生活中不可或缺的一部分	
性格	幽默风趣，喜欢搞怪，典型的乐天派	
目标	他希望通过手机搜集到所有好听的音乐，并在空余时能够享受音乐；也希望通过手机拍很多有趣的照片；还希望用手机玩一些有趣的新鲜的游戏	

	张凡 男/研一/理科/导师助理	信息获取型
格言	创新是唯一的出路，淘汰自己，否则竞争将淘汰我们	
专业	计算机	
个人状态	通过暑假打工赚钱给自己买了一部3G触屏手机，对于事情安排得井井有条，个人计划安排与近期目标相当明确，执行力强，喜欢探究计算机领域内的相关技术，并经常关注最新的计算机资讯，他平时把学习和生活安排得有条不紊	
性格	作风硬朗，处事严谨	
目标	他希望通过手机把近期的学习以及项目研究安排得有条理，对计算机专业充满热情，经常用手机了解相关专业的最新资讯	

	李洁 女/大一/文科/学生会干事	社交型
格言	多交朋友不是靠头脑灵活，而是靠心地善良、单纯	
专业	国际贸易	
个人状态	大一新生，对于大学生活很好奇，参加了学生会和社团活动，每个星期都会参加一些聚会，跟高中同学保持稳定的联系，以前使用传统手机，上大学之后家里送了一个触屏手机，她认为在大学里不仅要学习知识，更重要的是学做人，以及建立良好的人际关系	
性格	乐观开朗，爱交朋友，具有很强的好奇心，心地善良、单纯	
目标	她希望通过手机的QQ、微博、人人网等社交网络能够跟大学同学、朋友保持紧密的联系。	

	王思琪 女/大四/理科/团支书	综合型
格言	没有风浪就不能显示帆的本色，没有曲折就无法品味人生的乐趣	
专业	食品工程	
个人状态	在班级表现优越，群众基础很好，经常组织一些活动，使用诺基亚触屏手机两年，比较关注学校动态跟社会热点问题等，喜欢听歌跳舞，对于生活充满热情、好奇	
性格	热情活泼，细心体贴	
目标	她希望通过手机方便地把班级一些活动信息告知同学，在睡前经常利用手机浏览信息充实自己，在空闲时能够听一些最新的音乐娱乐自己	

图 1-11　角色建模

2.场景分析

根据人物角色提供的模型依据，我们分别建立娱乐型、信息获取型和社交型三类典型用户的智能手机使用场景。 这些场景可以说明在什么情况下，用户产生什么样的需求，进而使用产品。 场景有助于我们建立更加细致、具体和明确的脉络，我们可以从场景中观察用户行为，发现问题和用户需求，见图1-12。 限于篇幅，我们仅节选其中一小部分的场景分析——李天落的场景故事：

> 李天落和他的女友在河边散步，突然听到一首好听的新歌，李天落马上拿出手机用"音乐雷达"搜出歌曲，又试听了一遍，并查看了歌词，感觉很不错，于是设置了预下载。不久他们走到一片花园，景色优美，他情不自禁地用手机拍了一组照片，并把其中一张照片设置为桌面。晚上，李落天送走女友后，觉得无聊，便拿出手机看小说，看累了之后又打开播放器听歌，看见有周杰伦出新专辑的资讯，然后马上用手机搜索相关消息，发现有试听，于是欢天喜地地听了起来。听完后，他开始玩手机中的游戏，但是不久就玩厌了，于是又用手机上 Arcstore 搜索有没有新的游戏，试玩了一下就休息了。

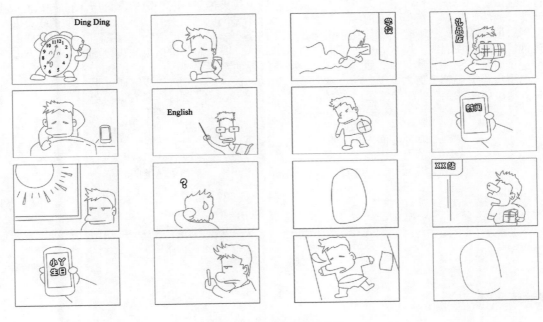

图 1-12　李天落的场景故事

3. 用户期望

通过场景，分析不同类型用户的需求差异，分析用户在不同场景下的行为特征和心理特征，以及可能遇到的问题和他们期望的功能。 见图 1-13。

	娱乐型	信息型		社交型	
问题	1. 音乐播放器不能即时显示歌词 2. 不能试听音乐 3. 音乐播放器上缺少一些娱乐资讯 4. 音乐播放的时候进度条控制起来不方便，反应也比较慢 5. 音乐播放器没有定时功能，晚上听的时候容易睡着，太耗电 6. 相册里面没有美化的功能 7. 电子书字体太小，布局不合理	1. 文字输入不方便 2. 手机屏幕小 3. 看视频不方便，需要安装万能播放器，（本地）播放器局限太大 4. 手机版本不同而不能分享主题 5. 电子书翻页太麻烦、太累	1. 短信群发的时候分组太麻烦，需要一个个找联系人 2. 打电话回拨的时候很烦琐，容易误操作 3. 日历计算日子功能没有（比如在定目标的时候，还有多少天完成，或者今天距离一件事情发生的时候已经多少天了） 4. 日历和备忘输入很麻烦，而且不能同步 5. 翻译的电子词典太少，没有四六级题库之类	1. 需要加快手机运行速度 2. 刷机之后手机速度变慢了	1. 社交类应用界面太小，手机上使用不方便 2. QQ的功能太局限，不能换肤或进QQ空间等

期望	1. 在线试听 2. 类似离线下载 3. 相册记忆功能，延伸一些就是所有应用都有记忆功能，突然退出不受影响 4. 音乐雷达功能	1. 希望可以节约流量但是又能够方便下载，比如在手机上搜索好要下载的歌曲，然后等到电脑上可以自动下载 2. 流量的定性提醒，而不是定量提醒（定性就是描述性地告诉你一个大概范围：还能上多少时间网，QQ 还能上多少小时）	1. 对于通讯录来说如何排序不是问题，最关键的是更容易查找联系人 2. 联系人界面希望更加生动活泼	1. 同步短信、日历和提醒 2. 提取QQ群信息关键信息来设定闹钟 3. 希望能够通过手机将作息安排得更加有条不紊、更加从容 4. 希望通讯录能有智能分组（频率、语义之类的）	1. 希望QQ应用和手机联系人结合起来，这样的话管理可以很方便

图 1-13　通过分析后归纳得出的 3 个角色的问题和期望

4. 设计策略

我们从用户的问题和期望出发，把这些用户需求归类、排优先级、定义各种属性，最后综合考虑性价比，筛选出产品需求，形成设计策略。见图 1-14。

手机端	1. 音乐播放增加一些类似睡眠模式的设置 2. 增加对音乐ID3的管理，音乐归类更加方便 3. 提供一种万能播放器，兼容大部分格式 4. 设置流量控制的快捷键 5. 电量方面可以做描述性提醒，说明续航时间及干什么比较省电 6. 电子词典增加学生所必需的词库，以及相应的学习习题库 7. 联系人的界面做大改，学习QQ如何把头像变成一种必需的东西 8. 根据各种方式来实现联系人智能分组 9. 同步短信、日历和提醒 10. QQ好友与联系人统一管理，都可导入通讯录 11. 将重力传感器与场景切换的动作结合起来
服务端	1. 在线音乐试听 2. 音乐雷达功能 3. 即时歌词显示 4. 音乐与在线资讯的结合 5. 预下载或离线下载 6. 社交类入口与联系人的整合 7. 在线相册资讯与动态壁纸的结合 8. 在线相册功能的整合 9. 应用、联系人号码、音乐视频管理都与PC套件同步

图 1-14　归纳手机端和服务端的设计策略

四、痛点分析

在与苏泊尔合作的厨房 APP 项目中，我们采用了痛点分析法和相关调研内容，项目完成时间为 2015 年。 我们利用不同的场景模拟来获取不同场景下用户的痛点，探寻厨房用户的痛点和需求究竟是什么。 痛点是用户最渴望解决的问题，产品只有了解用户痛点，想办法满足用户的迫切需要，才有可能提高产品的竞争力。

1. 用户分类

我们将用户调研的采访对象，大致分成以下 4 类用户角色。 见图 1-15。

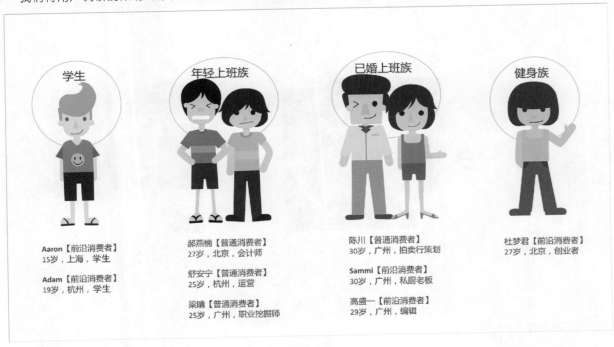

学生

年轻上班族

已婚上班族

健身族

Aaron【前沿消费者】
15岁，上海，学生

Adam【前沿消费者】
19岁，杭州，学生

郝燕楠【普通消费者】
27岁，北京，会计师

舒安宁【普通消费者】
25岁，杭州，运营

梁晴【普通消费者】
25岁，广州，职业挖掘师

陈川【普通消费者】
30岁，广州，拍卖行策划

Sammi【前沿消费者】
30岁，广州，私厨老板

高盛一【前沿消费者】
29岁，广州，编辑

杜梦君【前沿消费者】
27岁，北京，创业者

图 1-15　用户角色

2. 用户态度

用户态度的调研，即调研用户对于厨房烹饪的态度和观念，见图 1-16。 比如，一项调查发现，有这样一群用户，他们在"懒人经济"盛行的今天，仍然坚持着自己制作美食、研究美食，厨房从曾经的油烟之地变成了现在慢生活的体验场所。 目前，在此领域仍未出现一枝独秀的局面，有待我们去探索。

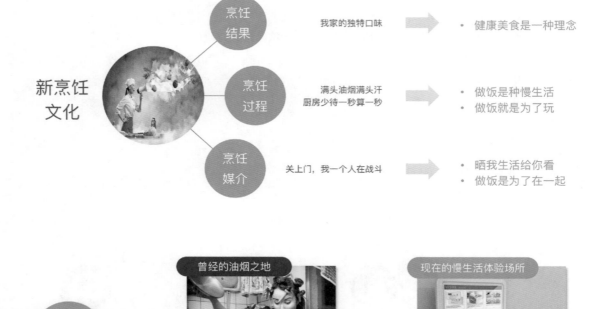

图 1-16 调研用户对厨房烹饪的态度和观念

3. 用户场景

通过用户调研，搜集用户在使用过程中的不同场景。 见图 1-17。

看食谱烹饪，但是达不到"食谱图片效果"？

食谱上的美味

你的"黑暗料理"

更多场景

情景化烹饪难题

维修很麻烦

刷不出存在感

照片拍得"不好吃"

烹饪手法不够厉害

与食谱提供设备不同

食材选择问题

操作步骤太多

图 1-17　用户场景

4.用户痛点

通过场景回放，描述用户在使用过程中遇到的困难，找出用户痛点。 见图 1-18。

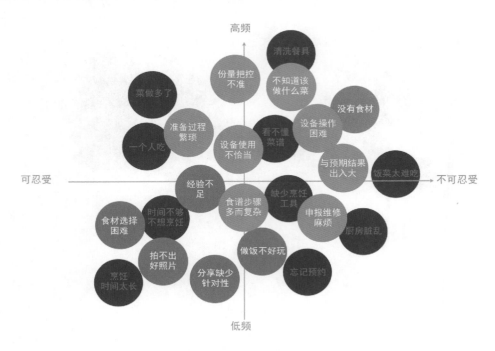

图 1-18 用户痛点分析

5.用户需求

最后将用户痛点转化成用户需求。 见图 1-19。

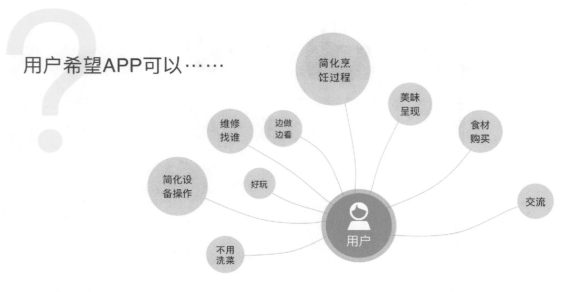

图 1-19 用户需求

五、竞品分析

在苏泊尔的厨房 APP 项目中，我们还采用了竞品分析法，针对痛点分析中得出的用户痛点和需求，分析目前已有竞争产品的解决方案。

1. 竞品选择

先广寻相关应用，然后通过类聚纵向比较，择优（7 个竞品）做横向分析。 竞品选择的结果分别是 4 个食谱类、1 个设备控制类和 2 个食谱设备结合类。 见图 1-20。

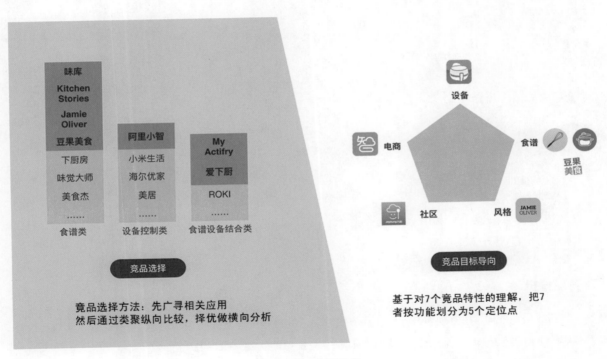

图 1-20　竞品选择

2.设置维度

基于对 7 个竞品特性的理解，把 7 者按功能划分为 7 个定位点，分别是设备、电商、食谱、社交、晒图、社区和服务平台，见图 1-21。

图标	名称	标语	设备	电商	食谱	社交	晒图	社区	服务平台
	Kitchen Stories	Anyone can cook			○	○	○		
	味库	会做菜 更懂爱		●	●	●	●	●	
	豆果美食	菜谱分享社区 轻烹饪美食商场		○	○	○	○		
	爱下厨	九阳，带你体验不一样的家居智能生活	●	●	●	●	●		
	JAMIE OLIVER	英国名厨杰米的菜谱应用			○	○	○		
	MY ACTIFRY	Eat well Eat healthy and enjoy!	●	●	●	●			
	阿里小智	全面·智能·贤惠	○	○					

图 1-21　设置竞品分析的维度

3.竞品分析

基于产品的功能架构，研究现有产品解决痛点的方法，并且分析产品的特色功能。 限于篇幅，我们列举豆果美食、JAMIE OLIVER 和阿里小智 3 款竞品的分析详情，分别见图 1-22、图 1-23 和图 1-24。

豆果美食

菜谱分享社区 轻烹饪美食商场

丰富的菜谱资源，提供最大的美食分享社
区，最优质的电商合作平台，话题讨论，
找到志同道合的厨友。

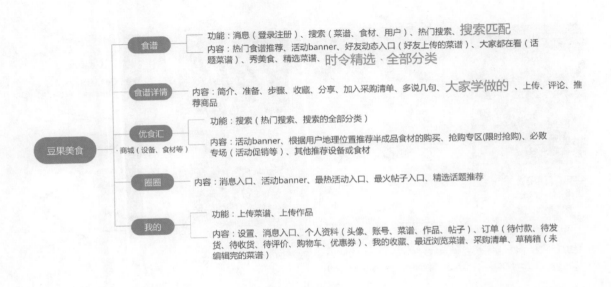

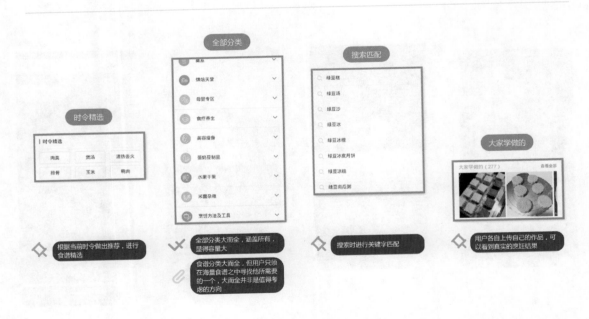

图 1-22 豆果美食的功能树图和特色功能

JAMIE OLIVER

英国名厨杰米的菜谱应用

除了有精美设计外，还有分类细致的食谱列表、带有分量计算功能的采购清单、大量的指导视频等。

- 交互行为：以美食图片展示为主，菜谱内容分类明确，功能区分明显，悬浮弹框应用比较多。
- 用户体验：页面切换流畅，突出食材，画面精美，各个模块区分明显。

图 1-23　JAMIE OLIVER 的界面和特色功能

阿里小智

全面 · 智能 · 贤惠

阿里智能云开发的"阿里小智"，通过一个 APP，就能控制家中的智能电视、空调以及空气净化器等设备，非常智能化。

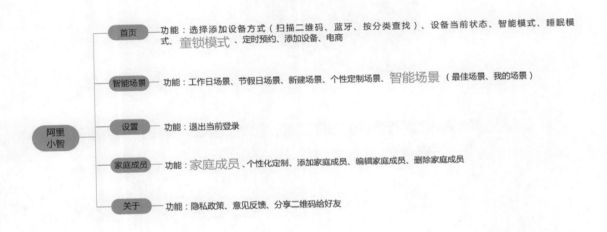

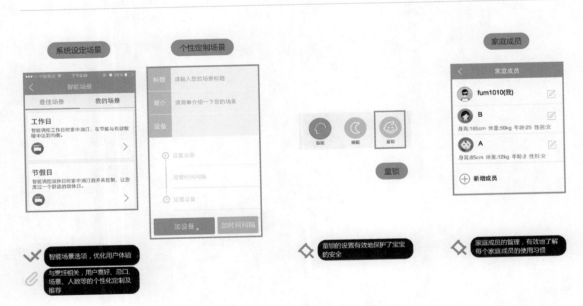

图 1-24　阿里小智的功能树图和特色功能

4.竞品分析结果

根据比较结果做进一步分析，研究竞争对手的核心功能及其定位分布、优劣势和特色功能，看看有哪些是我们可以采用，哪些我们还需要做调整，并提出符合逻辑的痛点解决方案（核心功能）和产品定位。 见图 1-25。

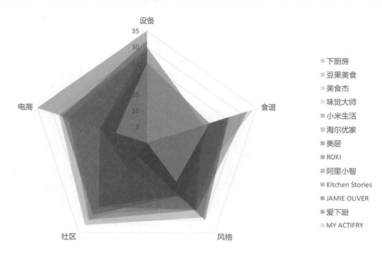

图标	名称	标语	设备	电商	食谱	社交	晒图	社区	服务平台
	Kitchen Stories	Anyone can cook			○	○	○		UGC食谱、交流社区
	味库	会做菜 更懂爱	●		●	●		●	我的厨房、食材管家
	豆果美食	菜谱分享社区 轻烹饪美食商场		○	○	○			食谱交流广场
	爱下厨	九阳，带你体验不一样的家居智能生活	●	●	●	●			九阳的超级APP
	JAMIE OLIVER	英国名厨杰米的菜谱应用			○	○			时尚美食交互杂志
	MY ACTIFRY	Eat well Eat healthy and enjoy!	●		●	●			设备、食谱教学
	阿里小智	全面·智能·贤惠	○	○					超级遥控器与电商
	SUPOR	一段完美的烹饪体验	●	●	●		●		● 互联网化的慢生活烹饪体验

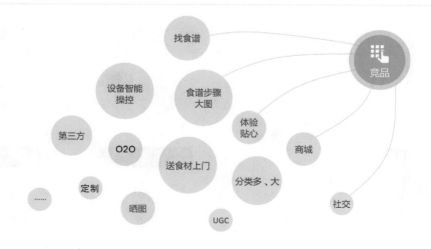

图 1-25　竞品分析结果

·第 二 章·

概念设计

　　概念设计是从用户需求到形成产品前期概念的一个重要创新过程，它表现为一个由粗到精、由模糊到清晰、由抽象到具体的提升过程。本章结合实践项目，介绍几个在这个阶段我们用到的一些概念设计的做法。这些做法各有特点，我们按照其核心特点把它们简单归纳为逆向创新、头脑风暴和设计理念。

THINKING

TRANSBOUNDARY

PRACTICE

SAMPLE OF

INTERACTION

DESIGN

一、逆向创新

在与中国移动合作进行的"可穿戴式设备研究"项目中，我们采用了"逆向创新"和"可行性评估"的方法，提出了有创新且可行性高的产品概念。

可穿戴式设备的整个创新和评估用时 15 天，分 6 个步骤进行，流程如下：

（1）对照研究（2 天）：回顾趋势研究的成果并与当前已知可穿戴式相关设备进行对照研究。

（2）解剖分析（4 天）：挑选出 5 类与移动业务、可穿戴式设备存在关联性的竞品品类及其代表性产品，进行解剖分析。 见图 2-1。

图 2-1　5 个竞品品类

（3）逆向创新（2 天）：运用逆向思维，找出每个竞品品类中的风险创新机会点，评估后提出新发现的创新概念和产品定义。

（4）创新度与可行性综合评估（1 天）。

（5）概念设计呈现（4 天）。

（6）总结与建议（2 天）。

1.竞品品类分析：IM

（1）通过对功能模块拆解、使用人群定位和分析、应用场景的梳理，总结主要需求点，并进行逆向创新。

（2）发现创新机会点：

    a.联系人；

    b.好友；

    c.20 ~ 40 岁年龄层；

    d.账号；

    e.语音输入；

    f.显示屏。

（3）创新概念定义：

    a.找到或发现非直接联系人，并进行通信；

    b.无显示屏的 IM；

    c.通过自动场景设定的社交信息推送或过滤；

    d.适合大龄/少儿/弱势群体使用的社交工具；

    e.无账号 ID 的社交身份认证；

    f.异步移动通信，如：蓝牙微信耳机；

    g.城市公共设施或公共服务与人之间的即时通信（大数据）。

2.竞品品类分析：智能手环

（1）通过对各个功能模块、使用人群、应用场景的梳理，总结穿戴式设备的主要需求点，并进行风险创新。

（2）发现创新机会点：

    a.电池；

    b.监测；

    c.统计；

    d.腕带；

    e.智能手机匹配；

    f.按键控制；

    g.无线同步。

（3）创新概念定义：

    a.采集环境信息的穿戴式设备（水质、PM2.5 等），或者兼顾人与环境的信息采集监测；

    b.可穿戴亦可单独使用的智能设备；

    c.无电池穿戴式设备，如用生物电；

    d.无需智能手机配合的穿戴式设备；

    e.具备通话功能的穿戴式手环。

3.创新度与可行性综合评估

针对上一步发现的创新概念点，进行创新度与可行性综合评估。以"★"代表基础评分，最后得出可行性较高的概念和建议执行的概念。见图 2-2。

创新概念	商业价值	创新度	可行性	综合
1.针对老年人/弱势群体的线上或移动支付	★★★★	★★★★	★	
2.支付身份移动绑定和解绑	★★★★★	★★★★★	★★	★
3.智能理财	★★★★★	★★★	★★	
1.情感家居	★★	★★★★	★★	
2.具备经典模式的智能家居设备	★★★	★★★★	★★	
3.可接入第三方应用的万能控制器	★★★★	★★★	★★★	
1.通过自动场景设定的社交信息推送或过滤	★★★	★★★	★★★★★	★
2.适合老龄/婴幼儿/弱势群体使用的社交工具	★★	★★★★	★★★★	
3.异步移动通信，如:蓝牙微信耳机	★★★★	★★★	★★★★	★
4.城市公共设施与人之间的即时通信	★★★★★	★★★	★★★★★	
1.采集人和人周边环境信息的穿戴式设备	★★★★	★★★★	★★★	★
2.可穿戴亦可单独使用的智能设备	★★★★	★★★★★	★★	★
3.具备通话功能的穿戴式设备	★★★★★	★★★	★★★★	★
1.无屏幕的导航	★★★★	★★★	★★★★	★
2.无地图的导航	★★★★	★★★	★★★★	
3.导航之前的目的地设定，决定是否要去? 什么时候去?	★★★★★	★★★★★	★★★★	★

★ 基础评分　★ 可行性较高　★ 建议执行

创新概念	商业价值	创新度	可行性	综合
 1.新闻穿播穿戴终端	★★	★	★★★★★	
2.简易老年人社交通信产品	★★★★	★★★	★★★★	★
3.远程监护穿戴设备	★★★	★★★	★★★★	★
4.物联网向导	★★	★★★	★★	
5.云公司	★★★	★★★	★★	
 1.实体化推送	★★★★	★★★	★★★★	
2.简易穿戴式通信终端	★★★	★★★	★★★★	
3.拟真式网购	★★	★★★	★★	
4.现实购物增强	★★★★	★★★★	★★★	★
 1.触感导航	★★★	★★★	★★★	★
2.第一人称视频设备	★★★	★★★	★★★	★
3.基于地点的圈子社交	★★	★★★	★★★	
4.发现型的旅行模式	★★★	★★★★	★★★★	★

★ 基础评分　★ 可行性较高　★ 建议执行

图 2-2　创新度与可行性综合评估

二、头脑风暴

在"可穿戴式设备研究"项目中，当产品概念明确后，我们采用了"头脑风暴"方法，发散和碰撞思维，同时采用"功能优先级评估"方法，评估筛选所有搜集到的闪光点。

以下记叙对两个产品概念所进行的头脑风暴和评估。

1. 概念"公共设施与人的交流"

根据前期的综合评估，我们得到的"公共设施与人的交流"的创新概念，这是该阶段头脑风暴的基础。 见图2-3。

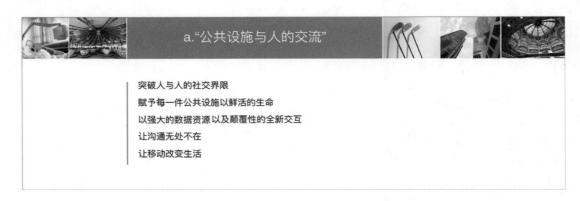

图 2-3 "公共设施与人的交流"的创新概念

（1）产品概念的提出

根据移动基地的试点落地需求，我们提出了基于"移动办公"理念的"Smart ID"产品概念。 尝试将考勤、消费、办公服务和娱乐等功能通过身份识别集中在一张智能卡片上，为企业员工、高管以及访客提供更快、更多、更优质的生活体验，并可以推广延伸到大型购物中心、主题公园、学院、医院等集团用户市场，实现"移动改变生活"的美好目标。 见图2-4。

图 2-4 Smart ID 产品概念

（2）头脑风暴

针对 Smart ID 产品概念，进行硬件、场景、功能、使用人群、佩戴方式的头脑风暴，搜集所有闪光点。见图2-5。

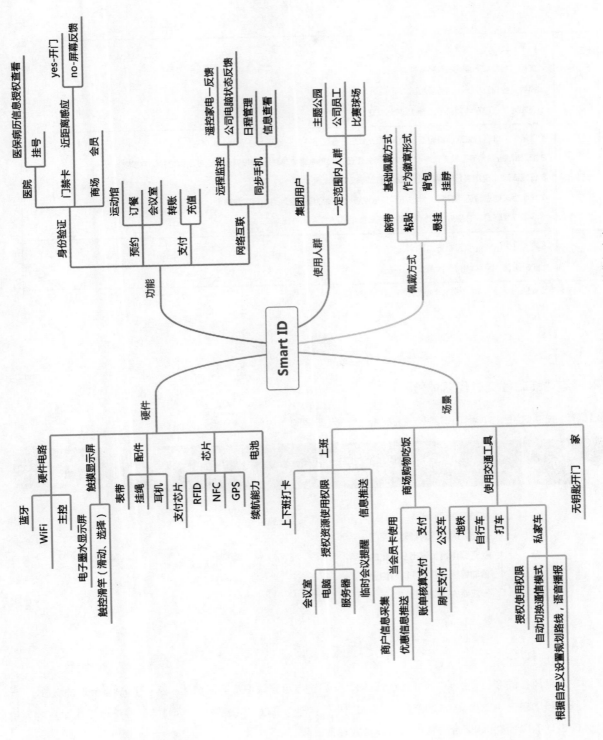

图2-5 对 Smart ID 产品概念展开头脑风暴，搜集闪光点

（3）功能优先级评估

按照功能重要性降序排列，筛选头脑风暴得到的所有闪光点。 见图2-6。

A	1.门禁（上下班打卡/会员门禁）
	2.支付（餐厅/便利店/交通/服务等消费支付）
	3.预约（会议室/娱乐场所/运动场馆/用车）
	4.通知推送（已预约项目/会议通知/申请推送）
B	1.显示个人信息（激活屏幕时显示个人信息/插在充电底座并置于台面上时显示个人信息）
	2.加班/请假/调休等考勤申请（创建申请/相关责任人收到申请推送并处理/根据反馈结果获得相关门禁权限）
	3.日程提醒（自定义日程表并设置推送模式/接收推送提醒）
	4.获取相关地点的访问权限（针对访客，根据访问对象获取指定地点的门禁权限）
	5.停车位导航（针对访客，先标记位置，再根据距离/方向引导寻找车辆）
C	1.找人（定位导航/查看附近同事/震动打招呼）
	2.即时通信（呼叫同事/传达指令）

注：(A表示必须满足，B/C表示不一定要实现并按照重要性降序排列)

图 2-6 Smart ID 功能优先级评估

2. 概念"移动社交时代新体验"

根据前期的综合评估，我们得到的"移动社交时代新体验"的创新概念。 见图2-7。

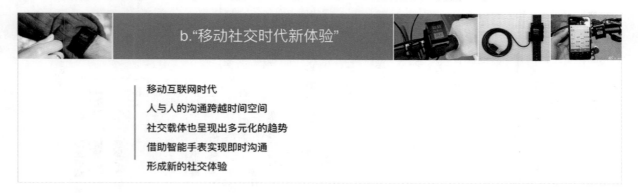

图 2-7 "移动社交时代新体验"的创新概念

（1）产品概念的提出

在即时通信风行的今日，我们结合日益增长的社交需求与可穿戴设备的便携性，提出了 IM Watch 的概念。 社交手表是基于移动自主研发社交 IM 的产品。 例如"小伙伴"，是以"机表联动"为特点，并结合手表本身的人机交互特性而设计的以社交 IM 聚合为特色的可穿戴式设备。

（2）头脑风暴

针对 IM Watch 产品概念，进行"硬件结构、使用场景、功能、人群定位、携带方式"的头脑风暴，搜集所有闪光点。 见图2-8。

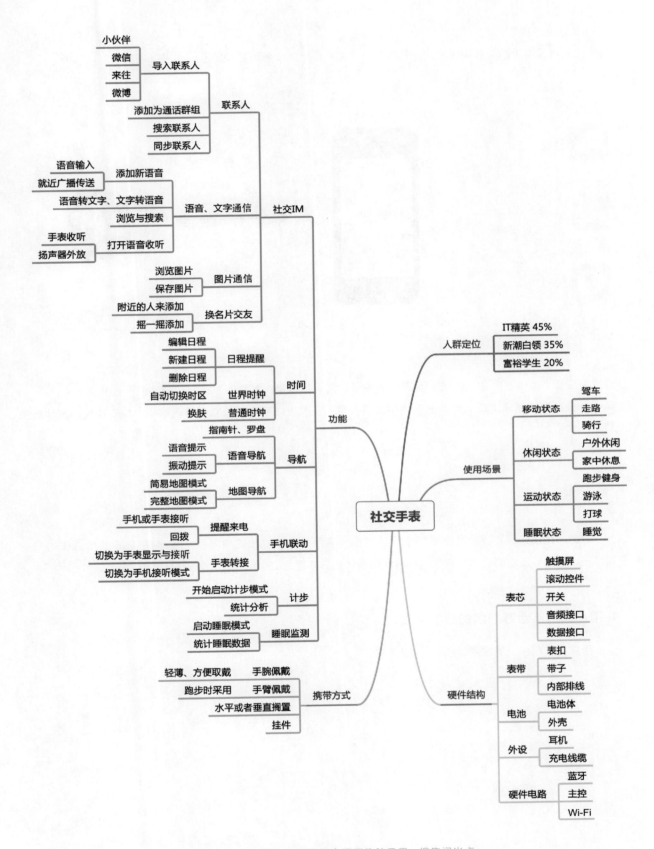

图 2-8　对 IM Watch 产品概念展开头脑风暴，搜集闪光点

（3）功能亮点提取

筛选头脑风暴得到的所有闪光点，得到两个功能亮点：社交聚合和蓝牙外设。 见图 2-9。

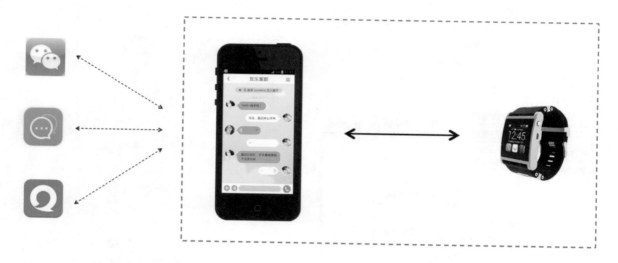

图 2-9　IM Watch 功能亮点

社交聚合：将微信、来往、易信等社交 IM 聚合在一起，结合手机本身的人机交互特性进行机表联动。

蓝牙外设：通过蓝牙实现实时数据传输和人机交互，手表终端不需要独立的通信模块，从而最大限度地解决电池续航问题。

三、设计理念

一个好的、完整的设计理念贯穿着整个设计过程，是整个设计过程的风向标。 我们在与苏泊尔合作的厨房 APP 项目中，结合苏泊尔的现状与需求，得出此次设计的基本理念。

1. 用户需求结合苏泊尔的数字化战略

分析用户需求和企业的发展战略。 见图 2-10。

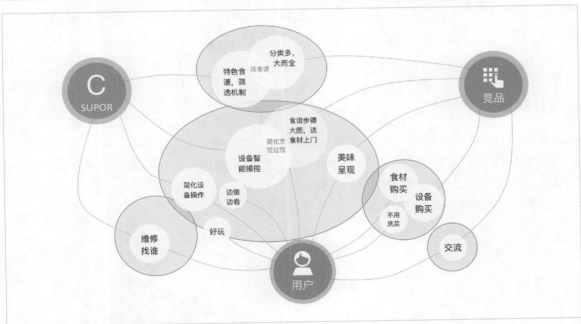

图 2-10　用户需求结合企业战略

2.将用户需求转化为设计理念

提出设计理念：

（1）参数化食谱结合设备操作；

（2）简化烹饪过程；

（3）维修申请、即时客服和随时跟进。

见图 2-11。

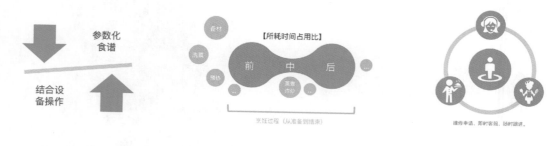

图 2-11　将用户需求转化为设计理念

3.设计理念的呈现

将理念转化为具体的设计概念。本项目提出的产品概念为：泊·食客。

根据项目前期的用户痛点、竞品分析，结合苏泊尔现有的数字化战略，将 APP 功能的侧重点放在食谱与用户的烹饪体验上，其中也包含电商和弱社交。

图 2-12 为泊·食客的功能概念。

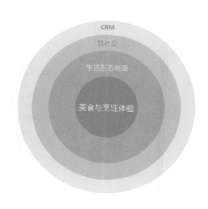

图 2-12　泊·食客的功能概念

图 2-13 展示了泊·食客的产品架构：食、器、淘、我。

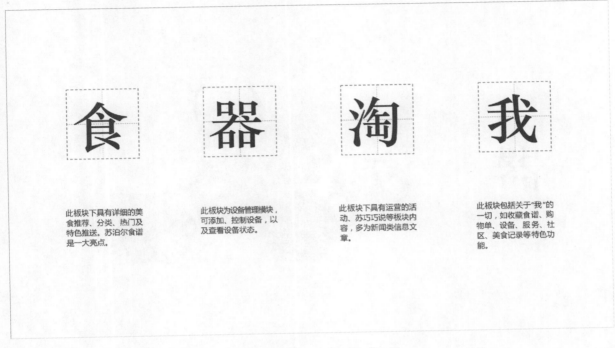

此板块下具有详细的美食推荐、分类、热门及特色推送，苏泊尔食谱是一大亮点。

此板块为设备管理模块，可添加、控制设备，以及查看设备状态。

此板块下具有运营的活动、苏巧巧说等板块内容，多为新闻类信息文章。

此板块包括关于"我"的一切，如收藏食谱、购物单、设备、服务、社区、美食记录等特色功能。

图 2-13　产品架构：食、器、淘、我

其中"食"概念延伸出如图 2-14 所示的板块。

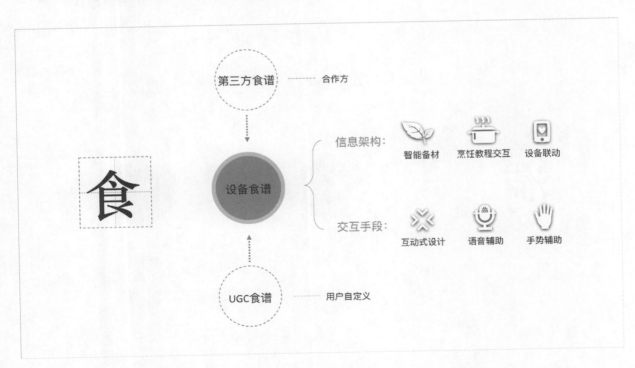

图 2-14　"食"概念

"器"概念板块为设备管理模块，可添加、控制设备，以及查看设备状态。 见图 2-15。

图 2-15　"器"概念

"淘"概念板块下具有运营的活动、苏巧巧说等版块内容，多为新闻类信息文章。 见图 2-16。

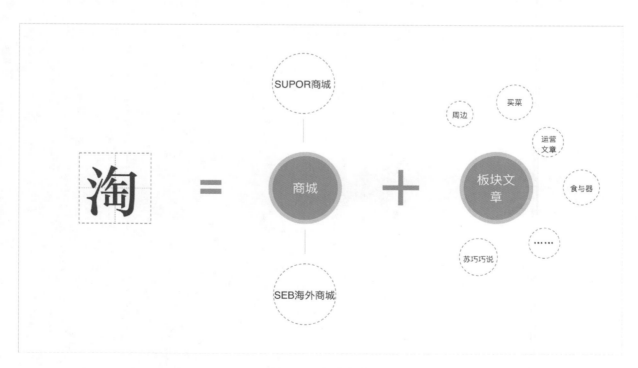

图 2-16　"淘"概念

"我"概念板块包括关于"我"的一切，如收藏食谱、我的购物单、我的设备、服务、社区、我的美食记录等特色功能。 见图 2-17。

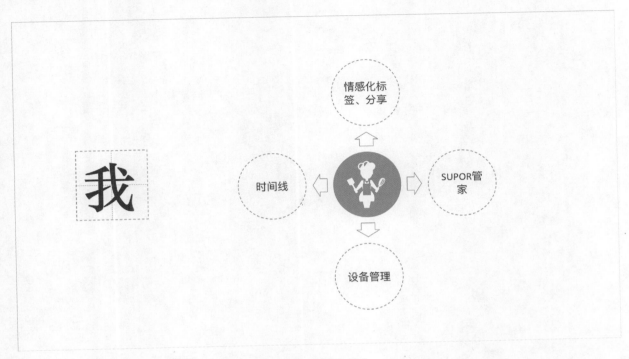

图 2-17 "我"概念

THINKING

TRANSBOUNDARY

PRACTICE

SAMPLE OF

INTERACTION

DESIGN

第 三 章

交互设计

　　在用户研究与概念设计之后，就是具体的设计工作了。具体的设计工作包含规划、流程和框架图等，是围绕产品原型而展开的一系列设计。下面我们将结合案例进行分析和介绍。

THINKING

TRANSBOUNDARY

PRACTICE   E

SAMPLE OF

INTERACTION

DESIGN

一、交互的策略：智能接听

与东方通信合作的"智能接听"项目，是针对一款手机的智能接听而开发设计的应用软件。 该应用通过处理用户在不方便接听电话场合的礼貌拒接，从而避免主叫用户在被拒接电话过程中的尴尬，为用户提供一种更个性化的通话管理服务。

"智能接听"项目的交互设计包括三个部分：交互设计策略、交互概念设计、界面设计说明及交互流程设计。设计策略是引导设计师进行设计的基本原则，概念设计是方案的基本设想，设计策略和设计概念这两项是先期工作，是非常重要的，它为后续大规模设计的展开定下基调。 以下就该项目的交互设计策略和交互概念设计做介绍。

1. 交互设计策略

项目的交互设计策略为：引导性、直接性和统一性。

（1）引导性

来电界面逐步引导用户操作。 见图 3-1。

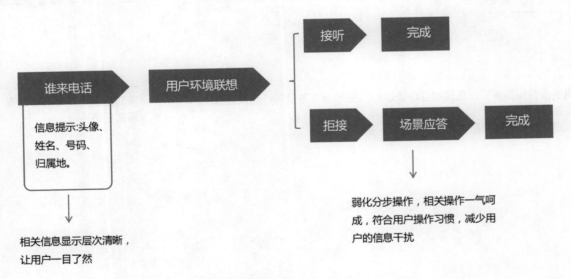

图 3-1　来电接听中的逐步引导

（2）直接性

a.来电界面简洁明了：展现给用户的每个界面都需要信息层次分明，每一页面都展示最核心的信息。

b.操作方式的设计符合日常习惯：操作方式要和大众的日常生活紧密联系，以减少用户的学习成本。

c.提醒自然：相关操作的提醒要自然出现，不强迫用户选择，同时减少用户的思考时间。

（3）统一性

a.操作方式统一：接听和拒接是两个对立的操作，在操作方式上应做到对立而又统一。

b.场景选择统一：不同的场景选择在操作上也需要统一。

c.视觉统一：相关元素、控件、版式和标识等需要提供用户统一的体验。

2.交互概念设计

这里我们列举的是对应答界面的概念设计，主要涉及拒接和预设场景的设计。

（1）用户拒接的基本概念。 见图 3-2

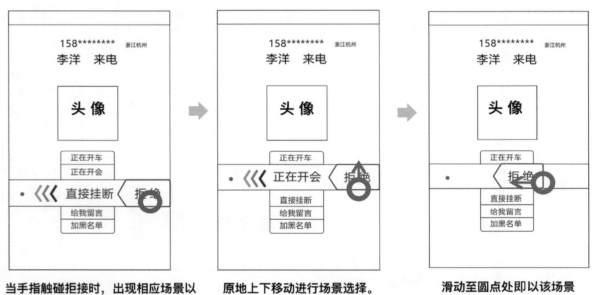

当手指触碰拒接时，出现相应场景以及路径的提示。
当前场景以凸透镜形式放大。

原地上下移动进行场景选择。

滑动至圆点处即以该场景模式拒绝接听。

图 3-2　用户拒接的基本概念

（2）在拒接选项排序考虑时，我们预设了几种场景，并提供多种拒接选择。 见图3-3。

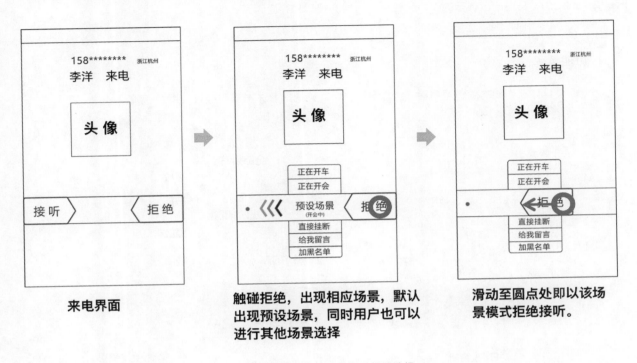

| 来电界面 | 触碰拒绝，出现相应场景，默认出现预设场景，同时用户也可以进行其他场景选择 | 滑动至圆点处即以该场景模式拒绝接听。 |

图 3-3　预设场景，提供多种拒接选择

a.用户进行挂断操作时，考虑到紧急情况，需要直接挂断；直接挂断后，被叫用户听到系统默认的场景音播放。

b.为避免用户场景选择过多，在挂断 bar 上下各设置两个场景，上面为用户选择更改的场景，下面为用户不可更改场景。

c.当用户预设场景之后，来电界面出现预设场景。

（3）概念设计亮点小结：

a.来电引导性操作：界面提供用户两种选择，然后根据提供场景选择，从少到多，逐步引导用户操作。

b.直觉性的简单操作体验：来电界面简洁明了，减少信息干扰，呈现核心功能点，信息显示一目了然；向右滑动接听，向左滑动拒绝，操作简单方便；上下移动聚焦场景选择，语义指示明确。

c.统一的操作方式：向右滑动接听，向左滑动拒绝，方向对立，但是操作方式统一，指示性强。 预设场景来电界面与未预设场景来电界面相比，有细节变化，但是整体保持统一的界面操作，减少用户学习成本。 场景的可扩展性较强。

二、交互的规划：FM 收音机

这是与信大捷安合作的"基于手机端的智能操作系统"项目，该项目的设计内容很多，其中包含很多系统自带的 APP，比如 FM 收音机、Widget、便签、电子邮件、浏览器、时钟、相机、锁屏和相册等。 我们选取其中的

FM 收音机部分进行介绍，主要从三个方面展示：功能树、界面元素定义和界面流程。 其实，设计策略和设计概念就是交互的规划，我们这里展示的仅是软件具体功能的规划和界面元素的规划。

1. 功能树

功能树是具体操作和功能的关系图，能方便设计师准确把握整体布局和相互关系。 见图 3-4。

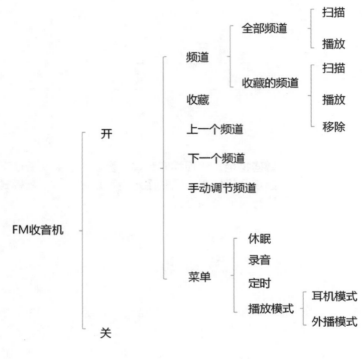

图 3-4 功能树

2. 界面元素定义

界面的规划就是处理好界面元素的布局。 见图 3-5。

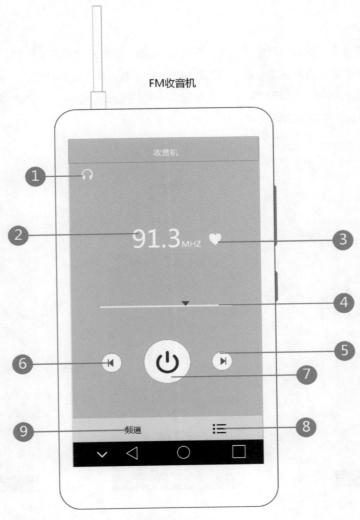

图 3-5　界面元素定义

（1）显示当前的播放模式，可以点击切换，选择耳机模式或者外播模式；

（2）当前收听的频道；

（3）点击收藏图标即可一键收藏当前频道；

（4）手动调节频道轴，按住箭头拖动，可以调节至用户所需的频道；

（5）下一频道；

（6）上一频道；

（7）开关切换按钮；

（8）菜单按钮，点击菜单可以进行休眠、录音和播放模式的设置；

（9）频道按钮，点击它可以选择频道和已收藏的频道。

3.界面流程

界面流程图一般用低保真的框架原型图来表达，它将设计想法呈现出来，使之看得见、摸得到，从而能进行设计评估并提出反馈来辅助设计决策，也为最终的界面视觉设计（高保真）提供依据。

（1）开关流程：FM 收音机开和关同时影响页面的其他操作。 当收音机为打开状态时，页面其他功能均可使用；当收音机关闭时，除开关键其他键均不可操作。 见图 3-6。

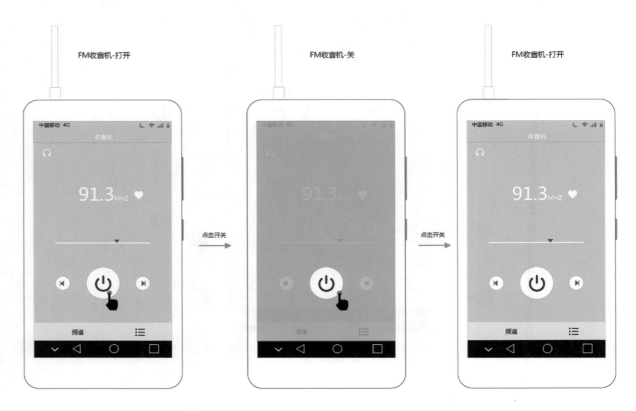

图 3-6　开关流程

（2）频道播放等流程：在频道列表中可以选择用户想听的频道进行播放，但是页面不进行跳转。 见图 3-7。

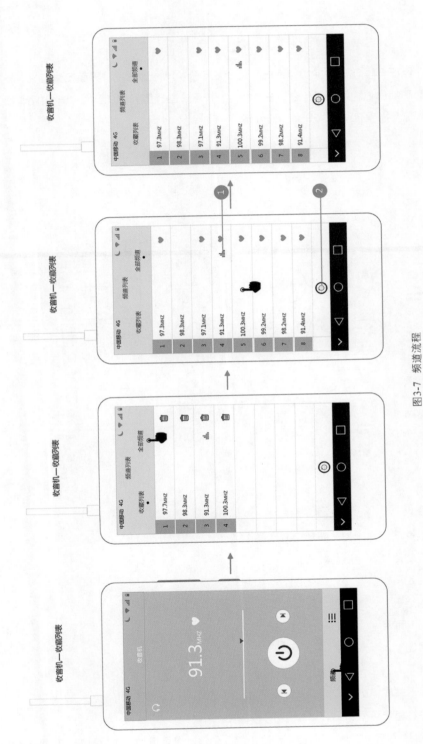

图3-7 频道流程

注：①目前正在播放的FM；②频谱列表可以扫描电台。

三、交互案例展示：Pad 交互

本节的案例是一个基于 Pad 端的智能操作系统，共分三部分：第一部分是"界面元素定义"，主要展示这个操作系统的组成元素及其功能属性；第二部分是"子功能"，介绍一些界面元素的具体功能和操作细节；第三部分是"界面交互流程"，展示了操作系统的部分界面流程图。

1. 界面元素定义

界面元素定义见图 3-8。

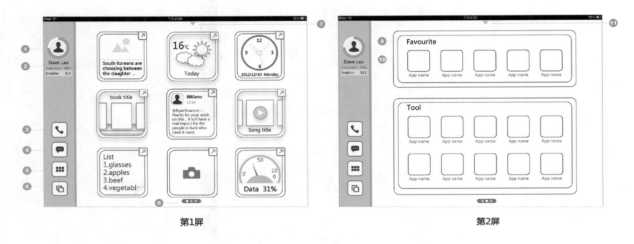

图 3-8　界面元素定义

图 3-8 中，第 1 屏和第 2 屏的注释如下：

（1）个人头像、数据使用情况图（环形百分比图）；

（2）用户名、流量使用情况、当前套餐；

（3）通话模块（固定）；

（4）短信模块（固定）；

（5）APP List 入口（固定）；

（6）后台入口（固定）；

（7）下拉添加舱提示；

（8）分页符号，显示共有多少页及当前处于第几页，页面还可以下滑查看；

（9）文件夹的名称，单击可编辑名称；

（10）APP 合集，包括 APP 的 icon 和名称，一排存放 5 个，排数可增加，大小不变，但可在舱内滑动查看；

（11）下拉添加新文件夹提示。

2.子功能

子功能一如图 3-9 所示。

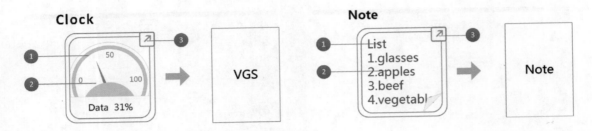

图 3-9　子功能一

左 Clock：

（1）显示当月的数据流量使用百分比；

（2）点击后进入 VGS 界面；

（3）点击启动 VGS 应用。

右 Note：

（1）显示最新的 Note 记录；

（2）点击进入 Note 页面；

（3）点击启动 Note 应用。

PS 无 Note 状态下显示文字提示："No Note"。

子功能二如图 3-10 所示。

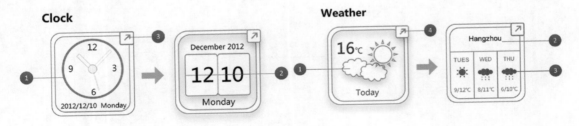

图 3-10　子功能二

左 Clock：

（1）显示当前时间，点击显示日历视图（右图）；

（2）点击返回当前时间（左图）；

（3）点击启动 Clock 应用。

右 Weather：

（1）显示当日天气，点击显示最近 3 日天气（右图）；

（2）显示当前城市；

（3）显示近 3 日天气；

（4）点击启动 Weather 应用。

PS 近 3 日天气命名规则：第 1 天显示 TUES，第 2 天和第 3 天显示星期几。

图 3-11 给出了相关的注释。

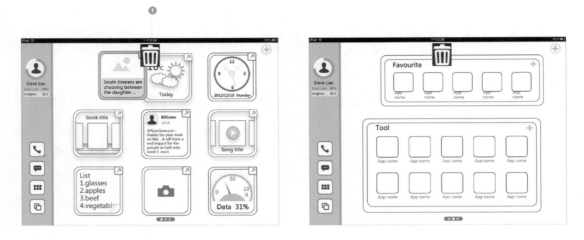

图 3-11　注释

长按舱位，可拖拽位置，同时出现删除 icon。 拖拽至 icon 处删除相应舱位、APP。

3. 界面交互流程

（1）主页。 见图 3-12。

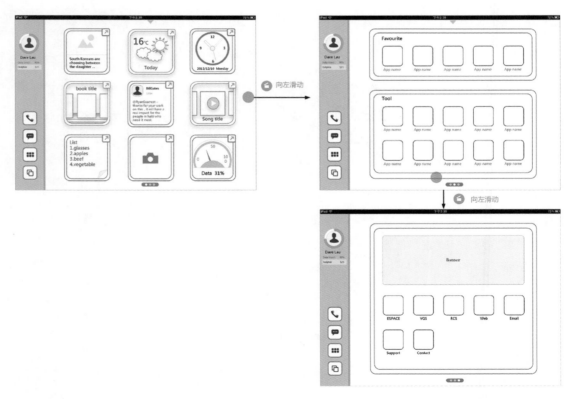

图 3-12　主页的页面切换

（2）新建 Cabin。 见图 3-13。

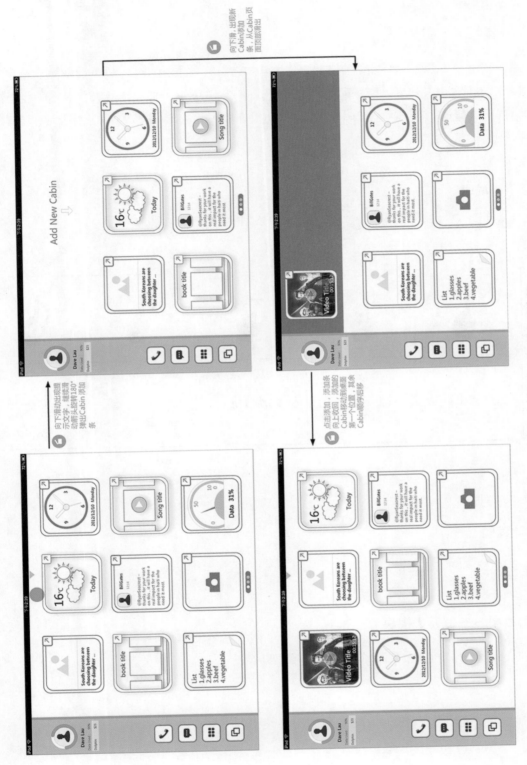

图3-13 添加舱（Cabin）的流程

四、交互案例展示：智能家电 OS

这是一个智能遥控器的案例，其特色在于手机系统结合智能家居，将移动设备与家用电器相互连接，实现智能化的家居体验。 智能家电 OS 是我们与某家电企业合作并为其设计的配套手机系统，目的是设计一类全新带通信功能的网络家电控制终端。 该系统包括电器控制和手机操作系统两大部分，系统操作可以完整地体验智能化。该项目完成于 2014 年。

1．交互手势说明

对于界面触控操作的手势需要提前定义和说明。 见图 3-14。

手势					
说明	点击	上下滑动	左右滑动	长按	收缩

图 3-14　手机操作交互手势说明

2．操作流程图

图 3-15 展示的是开机引导页流程。

3．界面流程图 ——联系人模块

这里仅仅列举联系人模块下的一些流程，见图 3-16 至图 3-23。

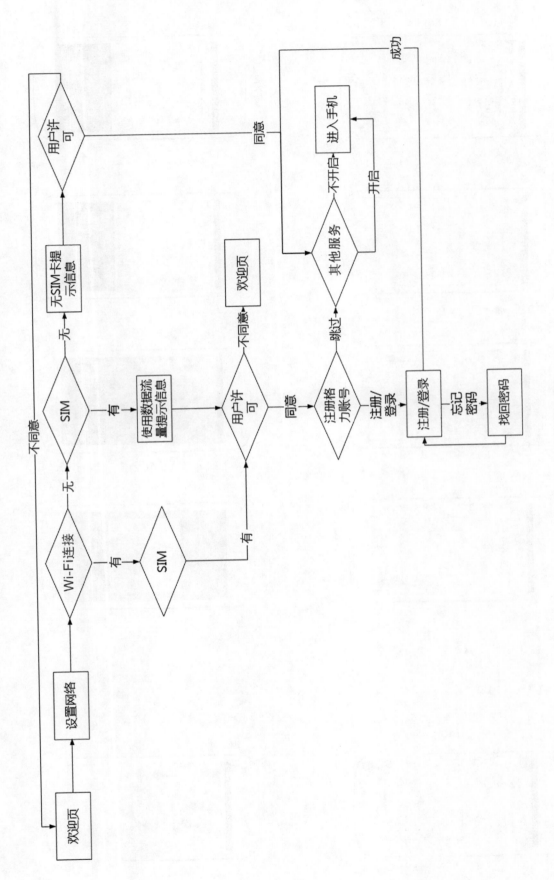

图3-15 开机引导的流程

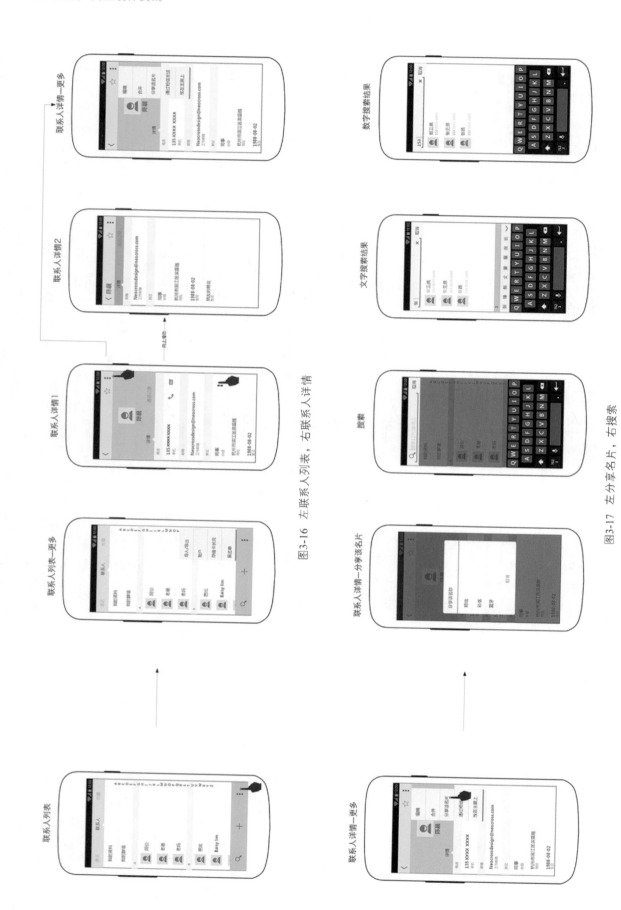

图3-16 左联系人列表，右联系人详情

图3-17 左分享名片，右搜索

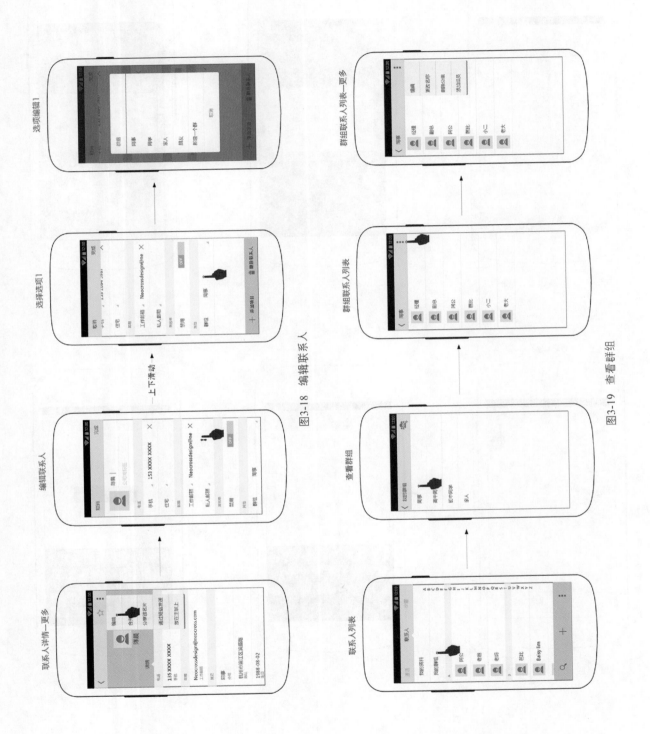

图3-18　编辑联系人

图3-19　查看群组

图 3-20　群组的更多操作

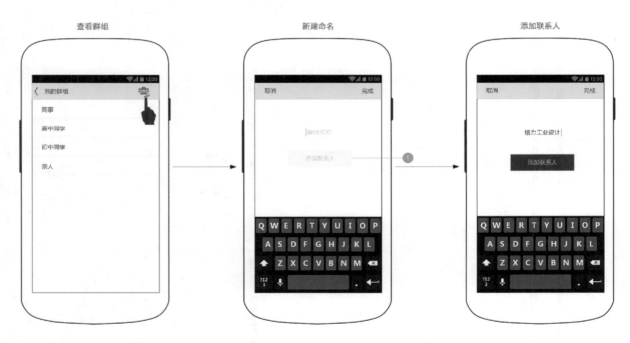

图 3-21　新建一个组群

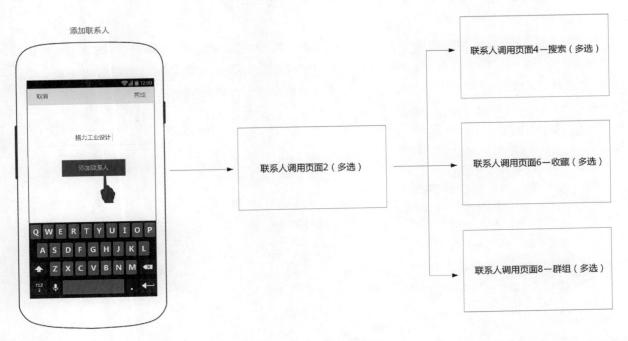

图 3-22 添加联系人至群组

图 3-23 联系人调用页面

五、交互方式创新展示：裸眼 3D

裸眼 3D 项目完成于 2011 年，是我们与虹软合作进行的一项大胆的概念设计，其核心思路就是为触屏手机用户界面增加了第三维度：深度（depth），主要是在基于裸眼 3D 的 Android 手机上展示一个 S3D 式主屏幕，以及 PhotoShow、图片库（gallery）和视频播放器等应用程序。

在这里，我们将主要介绍这个裸眼 3D 项目中的核心创新概念——"堆"概念。

那么这里的"堆"是什么？

在手机桌面上管理应用程序的图标或者对其进行分类时，我们往往会通过每次拖动一个 APP 图标与另外一个 APP 图标重合，使之形成一个文件夹或是应用盒子，然后对其进行命名等一系列自定义操作。"堆"概念与上述类似，即在手机桌面上，用户可以同时拖动多个 APP 图标重叠生成一个 APP 的盒子，然后可以对其进行重命名、散开堆或删除等一系列自定义操作。接下来将通过"堆"概念的交互设计亮点、交互手势、交互原则、界面交互流程和最终效果来向大家展示"堆"。

1."堆"概念的交互设计亮点

（1）Homescreen 中可同时移动多个对象，并且生成堆；

（2）图形化的操作提示；

（3）可对堆进行删除或者散开对象的操作；

（4）系统智能地帮助用户管理 Homescreen。

2."堆"的交互手势

 单击激活 APP 或者展开 Widget；

 长按可管理 APP 或 Widget；

 两指放大进入全局模式，缩小进入全屏；

 手指左右划动可切换页面。

3."堆"的交互原则

下文是"堆"交互的文字定义和说明，具体图形视觉可见后面小节。

（1）形成堆

长按 shortcut A，以 A 为中心的周围 8 个 shortcut 的左上角出现"圆点"，示意为可编辑状态，手指移动 A 到达 B 的圆点之上，A 将出现绿色边框，表示 A 已将 B 吸起，将跟随 A 一起运动。之后再移到 C 之上，吸起 C 三个一起运动。以此类推，最多可一次让 16 个 shortcut 形成队列运动。移动队列到某一位置后，松开手指，堆被展开，可重命名该堆。

堆的默认名称根据堆中 shortcut 类别百分比决定，当堆中的 shortcut 类别有相同个数时，按排序较前的类别命名。

（2）堆展开

堆中的成员以九宫格整齐排列，其他部分蒙黑，堆在展开时有重命名的操作。长按堆中的 shortcut，拖出堆的区域，则该 shortcut 不再为堆成员。

（3）加入堆

长按某一 shortcut，将其移动到堆的区域内，图标有加入成功提示，释放 shortcut，默认将其放在最上层。 一个堆中最多可容纳 16 个 shortcut。 已满时无法继续添加。

（4）长按堆

长按堆可移动堆，移动时，对堆以外的其他对象没有影响；可散开堆或者删除堆中所有 shortcut，删除时弹出提示框。

（5）Widget

Widget 的编辑只支持单个移动及删除。 移动 shortcut 或者队列到 Widget 附近时，双方有斥力，Widget 有抖动的动画，提示用户无法加入到该队列。

4.“堆”的界面交互流程

（1）单击 APP

点击主屏上某一 shortcut，激活该应用，进入该应用的页面。 见图 3-24。

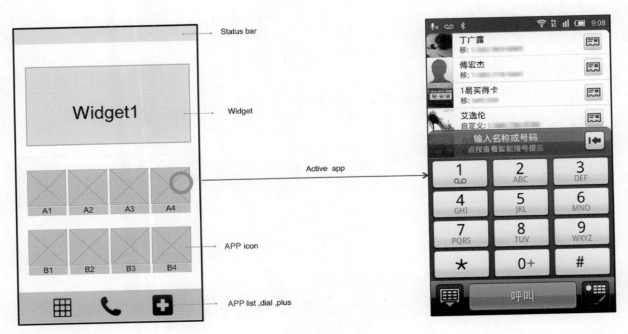

图 3-24　单击 APP

（2）长按 APP

a. 长按 shortcut A2，以 A2 为中心的周围 8 个 shortcut 的左上角出现黏合响应区域提示，即“圆点”。 见图 3-25。

b. 可将该 A2 移动到垃圾桶区域，即在桌面上删除该 shortcut。

c. A2 可在桌面上随意移动。 移动到屏幕左右边缘时，切换到相邻屏。

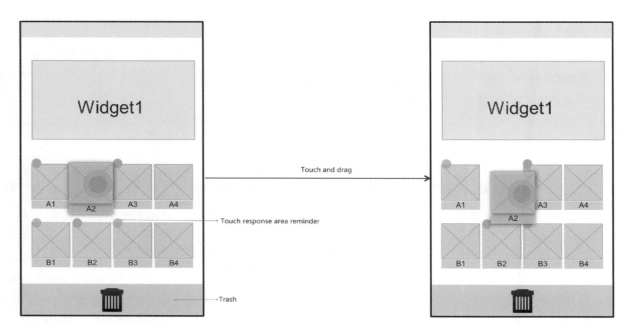

图 3-25　长按 APP

（3）拖动 APP

a. 将 A2 移动到 A3 之上时，手指在"圆点"上停留 0.1 秒，即 A2 将 A3 吸起了。连接成功时，A2 出现绿色边框提示用户。见图 3-26。

b. 队列中有两个及以上对象时，底部出现散开堆，及删除堆的 icon。

c. 之后 A3 将一直跟随 A2 运动，直到拖动停止。

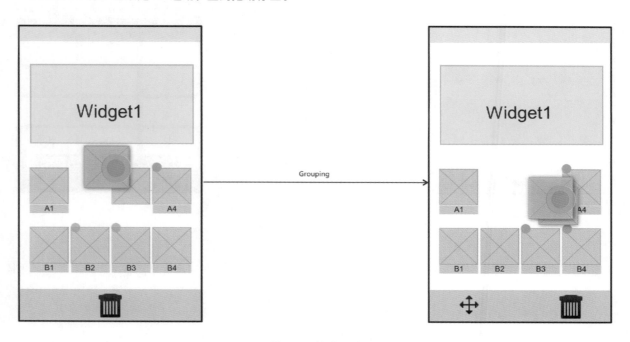

图 3-26　拖动 APP

（4）APP 队列

a．该队列中最多支持 16 个 shortcut 一起运动，在未达到最大数值时，可在运动中增加多个 shortcut 对象。（假设队列中对象为 n，则必须满足 $2 \leqslant n \leqslant 16$）

b．每次连接新的对象成功，首个 shortcut 都有绿色边框提示，当队列中有 16 个对象时，继续运动过程中将不再吸引其他的 APP，也不会出现绿色边框提示。

c．当有多个对象在队列中时，队列移动该队列，将根据手指的运动轨迹运动，并且队列中的所有对象都跟随该轨迹运动。 见图 3-27。

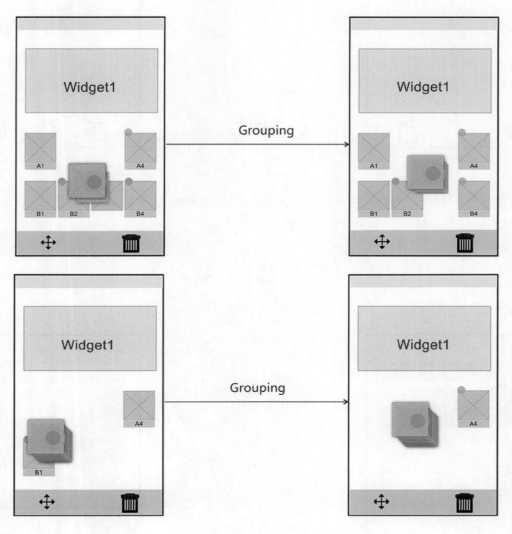

图 3-27　APP 队列

（5）形成堆

a．移动该队列到其他屏，队列中对象未达到 16 时，仍可继续增加对象。

b．当队列形成后，松开手指，释放该队列，默认成为堆，弹出框内显示队列中的各个对象。 顶部标题栏处为堆的名称，堆的名称由堆中所有 APP 所属类别的百分比决定，当有相同的百分比时，为队列中排序较前的类别。见图 3-28。

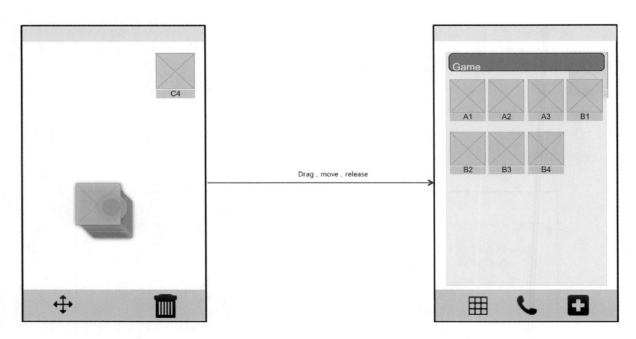

图 3-28　形成堆

c.点击输入框可修改堆的名称。　呼出全键盘（标准控件），可重新给该堆命名。

d.点击返回，该弹出框收起，桌面出现堆的缩略图图标。

（6）修改堆名称

a.点击清除堆名称，将清空输入框，并呼出全键盘。

b.点击输入框内，可修改堆名称。

c.堆名称输入后，点击确定完成修改。　见图 3-29。

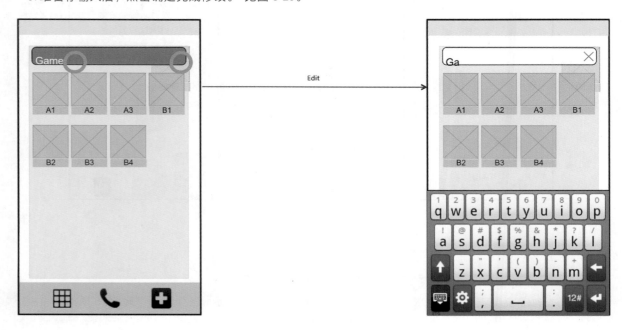

图 3-29　修改堆名称

5."堆"的最终视觉效果

图 3-30 为裸眼 3D Android 手机操作系统"堆"的展示。

图 3-30　堆的视觉效果

六、交互方式创新展示：Super-Widget

在与虹软合作设计的"折叠新生"手机系统的项目中，我们提出了一个 Super-Widget 的概念。 该项目完成于 2010 年。

1.设计概念：Super-Widget

Super-Widget 是一种全新的整合 Widget，它与我们手机上现有的传统 Widget 不同。 传统的 Widget 基本分为两种：单一功能的 Widget 和整合 Widget。 一般传统的整合 Widget 只是将几个功能整合在一个面板上，形成一个桌面小工具。 Super-Widget 也是一种整合 Widget，但它在将几个功能整合到同一个面板上之后，通过颜色、形状、布局等设计，使其在功能上产生新的、亮眼的变化，让它蜕变成完全不同的超级整合 Widget。 在这个系统中，由于这个创新，我们将这个系统取名为"1+1·折叠新生 Folding Newborn"。

本意为"折叠新生"，引申为通过选择日常生活中的"纸张"，利用空间的折纸技法进行 Widget 创新，即进行巧妙的折叠乃至艺术加工，形成全新的整合 Widget。

我们针对 Widget 提出了 1+1≥2 的概念，即

Widget1 + Widget2 = Super-Widget

两个 Widget 叠加之后，形状、颜色甚至在内部功能上都有一个变化。 把之前弹性 Widget、整合 Widget、桌面收藏盒等概念融合其中。

2.设计框架与逻辑关系

（1）Widget 属性

a.时钟：时间（日期、具体时间）、地点；

b.联系人：姓名，号码，QQ、人人等社交网站状态，所在地等个人信息；

c.音乐：当前播放的音乐、歌词、专辑、与其相关的信息、评价；

d.日历课程：日期、提醒、日程安排、课程信息等；

e.天气：当前天气、近期天气变化；

f.相册：相册管理；

g.Arcstore：音乐排行、游戏排行、应用排行、个人记录等。

（2）Widget 逻辑关系

分析 Widget 间的相互关系，了解组建 Super-Widge 的可能。 见图 3-31。

	1 时钟	2 联系人	3 音乐	4 日历课程表	5 天气	6 相册	7 Arcstore
1 时钟		★ ★	★		★		
2 联系人	★ ★		★ ★ ★	★ ★ ★	★ ★ ★	★ ★ ★	★ ★ ★
3 音乐	★	★ ★ ★					★
4 日历课程表		★ ★ ★			★ ★ ★		★
5 天气	★	★ ★ ★		★ ★ ★			
6 相册		★ ★ ★					
7 Arcstore		★ ★ ★	★	★			

图 3-31 Widget 逻辑关系

（3）Widget 交集内容

如表 3-1 所示。

表 3-1　Widget 交集内容

Widget 交集	Widget 内容	信息来源
a. 联系人—时钟 Widget	Super-Widget 常用联系人的生日、星座特点等热点信息	Super-Widget 生日信息
b. 联系人—音乐 Widget	Super-Widget 联系人的音乐分享、目前正在听的音乐、音乐评价等	Super-WidgetLBS
c. 联系人—日历 Widget	Super-Widget 晒行程安排、查看行程交集	Super-WidgetLBS
d. 联系人—课程 Widget	Super-Widget 晒课程、课程进度等	Super-WidgetLBS
e. 联系人—天气 Widget	Super-Widget 联系人当地天气、所在地等基本信息	Super-WidgetLBS
f. 联系人—相册 Widget	Super-Widget 联系人分享的相册、提供图片下载等	Super-Widget 人人相册
g. 联系人—Arcstore Widget	Super-Widget 联系人推荐的应用、评价等	Super-WidgetArcstore
h. 时钟—音乐 Widget	Super-Widget 最近的娱乐信息、歌手动态等	Super-WidgetArcstore
i. 日历—天气 Widget	Super-Widget 日程备忘加上天气，根据天气情况做合适的安排	本地

3. Super-Widget 交互动作

（1）Super-Widget 的合并见图 3-32。

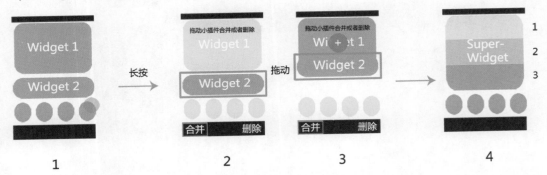

图 3-32　Super-Widget 的合并

　　"1"选中 Widget 1，长按（操作跟原有 Android 相同）。"2"和"3"拖动 Widget 2 覆盖到 Widget 1 上面，出现"＋"号表示可以组合，或者直接拖到"合并"处。"4"自动形成 Super-Widget。

　　（2）Super-Widget 的分解见图 3-33。

图 3-33　Super-Widget 的分解

67

"1"长按 Widget（操作跟原有 Android 相同）。"2"和"3"拖动整个 Super-Widget 到"拆分"上。"4"自动还原成两个 Widget。

4. 界面元素定义（显示信息）

Super-Widge 的界面元素定义见图 3-34。

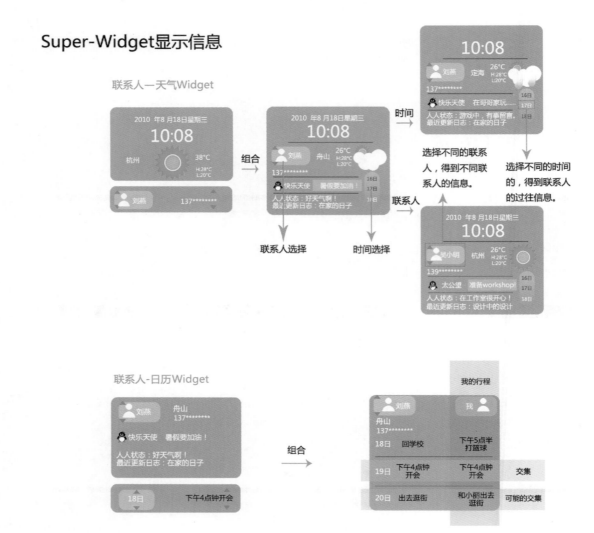

图 3-34　Super-Widget 的界面元素定义

·第 四 章·

界面图形设计

　　一个项目走到界面图形设计阶段就开始精彩、好看起来了，随着图标、界面和动画效果等工作的一步步完成，界面也最终展现出最初设想的模样。本章主要以展示静态界面设计图为主，有些工作，如动画和交互演示限于篇幅就无法呈现了。

THINKING

TRANSBOUNDARY

PRACTICE

SAMPLE OF

INTERACTION

DESIGN

一、FM 收音机 APP 界面

手机自带的收音机软件，其主要功能有频道搜索和切换、录音、定时关闭以及收藏频道等，界面色调使用了低调的黑、白色，配合了少量的金色，并且使用金属质感，低调而简洁大方。 见图 4-1 至图 4-5。

图 4-1 收音机打开→收音机播放→收音机关闭

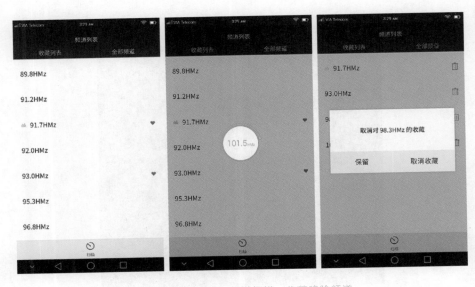

图 4-2 全部频道→频道扫描→收藏移除频道

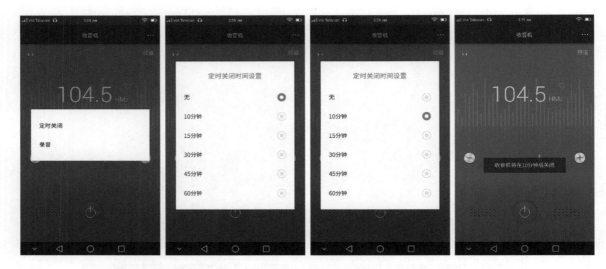

图 4-3　定时→定时关闭时间设置→定时关闭时间设置_选择→定时关闭时间设置_完成

图 4-4　录音→更多_录音中→录音_完成

图 4-5　通知栏_FM 收音机（关闭）→通知栏_FM 收音机_请插入耳机

二、智能手机 OS 操作系统界面

界面主要包括以下几个部分：锁屏、主屏、桌面管理、多任务管理、上拉下拉浮窗、天气和通话记录等。 我们对其中几个界面进行展示。

1. 锁屏与多任务管理

锁屏与多任务管理界面见图 4-6。

图 4-6　锁屏→锁屏—空调信息→锁屏—音乐播放→多任务管理

2. 上拉下拉浮窗

上拉下拉浮窗界面见图 4-7。

图 4-7　上拉浮窗→上拉浮窗—调节温度→下拉浮窗→下拉浮窗—展开全部快捷开关

三、大型云服务平台网页界面

华为企业云致力于为广大企业、政府和创新创业群体提供安全、中立、可靠的 IT 基础设施云服务。 本节案例是这个云服务网站的视觉界面。 见图 4-8 至图 4-10。

图 4-8　企业云首页—云存储

图 4-9　静态页—产品概述—优势

图 4-10 静态页—产品概述—用户

四、智能家电 APP 界面

"九阳爱下厨"是一款与智能小家电配合使用的 APP，它一共配合四款小家电使用，分别是：原浆机、净水器、养生壶、电饭煲，通过远程控制这些电器，厨房变得更加智能优化。 该 APP 除了远程控制智能硬件的功能外，还有社区模块和食谱模块等，我们主要围绕健康智能厨房、社区文化等来进行设计。

该 APP 的视觉界面使用了容易让人产生愉悦感觉和健康印象的绿色、橘黄色，使用白色作为底色，比较清新明快，界面风格简洁、扁平。 以下从中选取比较有特色的部分向大家展示，以供参考。 见图 4-11 至图 4-15。

图 4-11　首页→首页—添加话题→首页—文章详情

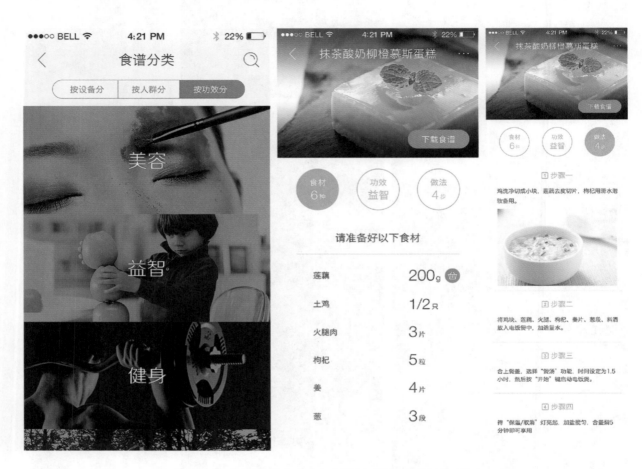

图 4-12　食谱分类—功效类→食谱详情—食材→食谱详情—做法

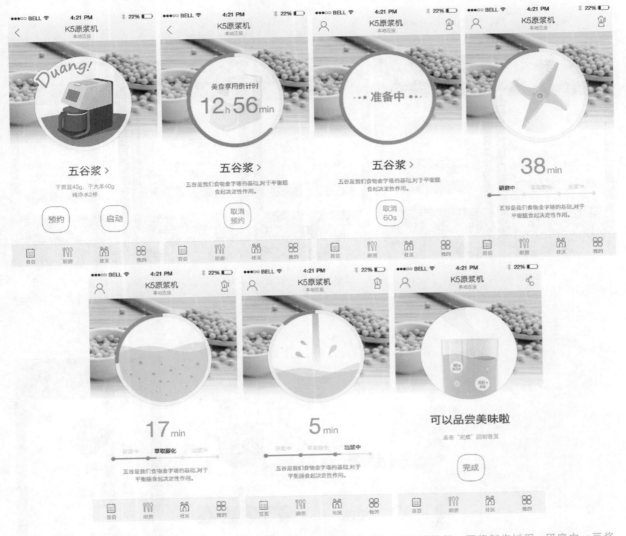

图 4-13　原浆机工作流程：工作启动页→预约倒计时→豆浆制作过程—可取消阶段→豆浆制作过程—研磨中→豆浆制作过程—萃取醇化→豆浆制作过程—出浆中→制作完成

图 4-14　错误弹窗：未放置浆杯→水量不足提示→物料过多→盖子未合上→电压不正常

图 4-15　Wi-Fi 连接配置：配置设备→输入密码可见→豆浆机空白页→配置失败提醒

· 第 五 章 ·

界面设计规范

　　设计规范是交互设计的收尾工作，需要为界面设计内容制定一套标准规范，以便各方开发人员能够有统一的执行标准和依据。 一般界面设计师、用户体验设计师、前台技术工程师、发布支持人员和运营编辑人员都需要参照设计规范。

THINKING

TRANSBOUNDARY

PRACTICE

SAMPLE OF

INTERACTION

DESIGN

⑤

一、界面设计规范的构成

界面设计的基本规范内容一般包括文字规范、尺寸规范和色值规范等。 下面以某清分机项目举例说明。

1. 文字规范

在界面的设计中，不明确版式而采用繁杂的字体、字号搭配的文字版面会导致整个画面失调。 在每个项目设计中最好只使用1~2种字体；采用相同形式或同系列的文字版式，以保证整体风格的一致性；文字与背景的层次要分明，以确保文字版式与环境色调、风格相匹配。

在不同平台的界面设计中所规范的文字版式会有不同，移动界面的文字设计也有相对固定的规范样式。

网页文字一般会有常用的几种字体和字号。 如移动端导航，一般来说，主标题用的字号为40~42px，正文字号为32px，辅文为26px，小字为20px。 在内文的使用中，不同类型的 APP 文字版式会有所区别。 一般来说，中文网页正文采用宋体 12px 或 14px(无状态)；标题采用微软雅黑或黑体大号字体，一般使用双数字号，如 18px、20px、26px、30px，因为单数的字号在显示的时候会出现毛边现象。

见图 5-1 和图 5-2。

图 5-1　文字的标注和说明：登录界面

注：1.英文字母（Q~M）大小：24px；2.中文（返回—完成）大小：20px；

　　　3.数字（123）大小：22px

图 5-2　文字的标注和说明：主界面

注：1.中文字体：微软雅黑；2.英文/数字字体：Arial

2.尺寸规范

在界面设计中，尺寸规范所要表达的内容、编写要求和规范方式等，见图 5-3 和图 5-4。

图 5-3　尺寸的标注和说明：登录页

图 5-4　尺寸的标注和说明：主页

3.色值规范

界面设计的色值规范包括全局用色、背景用色、分隔线用色、文字用色和图标用色。 见图 5-5 和图 5-6。

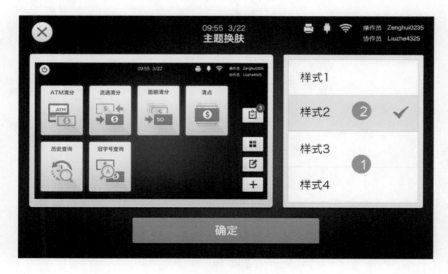

图 5-5　色值规范：登录页

注：1.分割线：Height：1px，W：226px；RGB：229/229/229，HEX：#e5e5e5f

2.选中状态：Height：72px，W：228px，RGB：104/196/110，HEX：#68c46e

3.提示框背景：RGB：216/14/14，HEX：#d80e0e

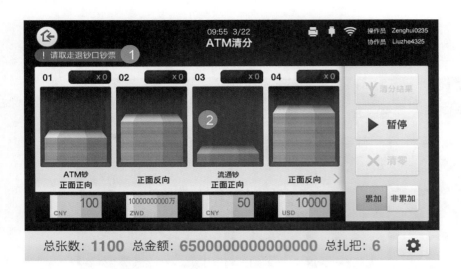

图 5-6　色值规范：ATM 清分

注：1.提示框背景：Height：26px，RGB：216/14/14，HEX：#d80e0e；

2.舱位：Height：160px，W：137px，RGB：225/0/0（不透明度 30%），HEX：#ff0000

二、界面设计规范举例：音乐 APP

设计规范的对象很多，以手机为例，主要包括首页、通讯录、相册、设置等。 我们以一个音乐 APP 为例，详细展示有关的规范写法。 见图 5-7 至图 5-11。

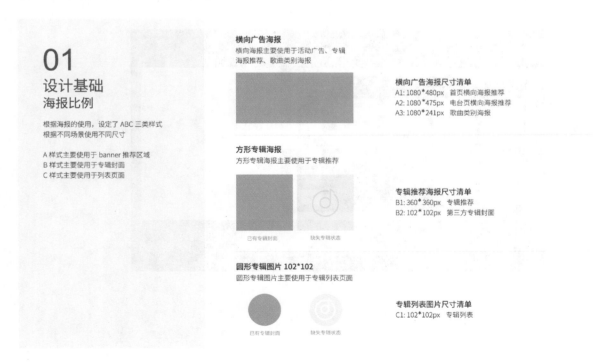

图 5-7　海报比例

02
设计基础
入口设计

根据入口的不同，定义了功能入口的适用
范围和使用规范

圆形功能入口 255*255px

圆形入口主要使用于音乐类别入口和电台入口

底色覆盖透明度为 20% 的图片层
icon 线条粗细为 3px
icon 底色为透明度为30% 的 #000000

方形功能入口 498*498px

方形入口主要使用于本地功能入口

底色覆盖透明度为 20% 的图片层
icon 线条粗细为 3px
icon 底色为透明度为30% 的 #000000
标题文字：42px
小文字：28px

图标＋文字功能入口 540*228px

文字入口主要使用于第三方分类类别入口

🎧 最新资讯
　新消息全天直播　　　💿 精选集
　　　　　　　　　　　边走边听更过瘾

👤 百家讲坛
　新消息全天直播　　　🖼 名师讲座
　　　　　　　　　　　边走边听更过瘾

图标尺寸：95*95
标题文字：42px
辅助文字：30px

图 5-8　入口设计

03
设计基础
布局一

布局分别为状态栏、顶部导航栏、
内容区、底部栏

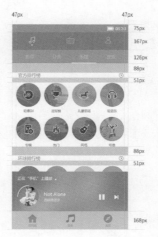

标题文字：42px
辅助文字：30px

标题文字：42px
辅助文字：30px

图 5-9　布局一

04

设计基础
布局二

布局分别为状态栏、顶部导航栏、内容区、底部栏

大标题文字：42px
类别文字：30px

标题文字：42px
辅助文字：30px

图 5-10　布局二

05

设计基础
布局三

布局分别为状态栏、顶部导航栏、内容区、底部栏

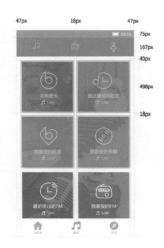

大标题文字：42px
小文字：28px

大标题文字：50px
小标题：30px
类别文字：38px

图 5-11　布局三

三、界面设计规范文档展示

　　设计文档规范的重要性我们在之前的小节中已经提到过。 一套系统而规范的设计能极大地提高软件的产出效率。 以移动端为例，一份规范的设计文档要包含页面结构说明、控件类型的组成、对象说明、文档规范，必要的时候还会有手势操作的解释。 以下为某实际项目最终规范文档——《手机设计规范说明》，该文档内容丰富，这里只摘取部分页面作展示，供大家参考。 见图 5-12 至图 5-25。

目录

About Qinge OS

01 关于轻格 OS

Structure

02 页面结构

· 主屏页 Home screen
· 典型页 Typical
· 媒体类 Media
· 通知 Notice
· 调用页 Called
· 其他 Others

Control

03 控件类型

· 操作栏 Action Bar
· 顶部操作栏 Main Action Bar
· 底部操作栏 Split Action Bar
· 状态栏 Status Bar
· 导航 Navigation
· 列表 List
· 搜索栏 Search Bar
· 选择器 Selector

Object

04 对象说明

· 图标 Icon
· 小控件 Control
· 文本框 Text box
· 系统按钮 Button
· 字体 Type

Gesture

05 手势操作

· 基本手势 Gesture

Word

06 文档规范

· 书写风格 Style
· 样式举例 Example

图 5-12　设计规范：目录页

Structure

02 页面结构

· 主屏页 Home screen
· 典型页 Typical
· 媒体类 Media
· 通知 Notice
· 调用页 Called
· 其他 Others

Status Bar

Main body

Navigation Bar

页面的主体结构主要由System Bars(Status bar、Navigation Bar)和
Main body(Main Action Bar、Content Area、Split Action Bar)组成。

02 页面结构 │ Structure

• 主屏页 Home screen

Status bar

Widget

Search Bar

App list

翻屏定位导航

Favorites Tray

· Home screen是一个自由的空间，你可以使用图标、文件夹和桌面插件进行定制。
· 主屏的结构主要由Status bar、桌面widget、Search Bar、App list、翻屏定位导航、Favorites Tray组成。

图 5-13　页面结构：章目录、主屏页

02 页面结构 | Structure

• 典型页-1 Typical

Status Bar
Top Bar
(Navigation Bar)

Content Area

Bottom Bar
(Split Action Bar)

类型1

Status Bar
Main Action Bar

Content Area

类型2

常规页面页面结构主要分为四大类：

1、Status Bar、Top Bar(Navigation Bar)、Content Area、Bottom Bar(Split Action Bar)。此类页面结构主要适用于带编辑状态的应用主页，带编辑
状态的图片视频、音频查看等页面。

2、Status Bar、Main Action Bar、Content Area。此类页面结构主要适用于无编辑状态的应用主页。

02 页面结构 | Structure

• 典型页-2 Typical

Status Bar
Main Action Bar
Search Bar

Content Area

类型3

浮窗选择器

类型4

3、Status Bar、Main Action Bar、固定的Search Bar、Content Area。此类页面结构主要适用于无编辑状态的应用主页。

4、页面浮窗。此类页面为用户操作的选择页面，为非固定页面。

图 5-14　页面结构：典型页-1、典型页-2

02 页面结构 ┃ Structure

·通知—上拉 Notice

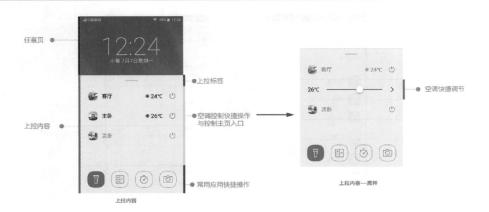

·上拉与下拉通知页面。上拉与下拉页面为非固定页面。其操作在任意页面有效。

·上拉：上拉内容主要包括上拉标签，上拉内容和常用应用快捷操作，在本系统中，浮窗内容为上拉标签、常用空调的状态显示、手机常用应用的快捷操作（默认为手电筒、计算器、计时器、拍照）。

·常用空调的状态中，可对空调的开关和温度进行调节，同时，点击可进入该空调控制主页。

02 页面结构 ┃ Structure

·通知—下拉 Notice

·下拉：下拉浮窗针对所有页面操作有效。在本系统中，下拉浮窗的呈现形式主要有两种——列表和宫格。内容为时间信息显示、系统功能快捷操作、通知（列表展示中出现）和下拉标签。

图 5-15　页面结构：通知—上拉、通知—下拉

02 页面结构 | Structure

▪ 调用页-1 Called

类型1-1　　　　　　类型1-2

·被调用页面结构与原本页面相同，内容有所区别。

·当单选被调用时，调用页在原页面基础上增加"取消"按钮。

·多数情况下，取消出现在顶部Main Action Bar的右上角，特殊页面如相机拍摄时，由于顶部为固定功能区，"取消"以图标形式出现在底部操作
区。

02 页面结构 | Structure

▪ 调用页-2 Called

类型2-1　　　　　　类型2-2

·当多选被调用时，调用页在原页面基础上增加"取消"和"选择"（完成、删除、剪切、复制）按钮。

·多数情况下，取消出现在顶部Main Action Bar的右上角，"选择"（完成、删除、剪切、复制）出现在页面底部。特殊页面如相机拍摄、录音时，
由于顶部为固定功能区，"取消"以图标形式出现在底部操作区，同时，底部还有重新录制/重拍按钮供用户选择操作。

图 5-16 页面结构：调用页-1、调用页-2

02 页面结构 ▏Structure
• 其他　　Others

天气首界面　　　　　　　　　通话　　　　　　　　　计算器

· 其他页面。根据应用的功能类型不用，少数页面的结构区别于常规页面的结构，如天气应用首界面、通话界面、计算器界面等。

02 页面结构 ▏Structure
• 媒体类　Media

顶部模式选择

Content Area

底部操作区

类型1　　　　　　　　　　　类型2

媒体类主要指拍摄照片/录制视频、查看图片、录音、播放音频等页面。结构主要有两大类：
1、顶部功能区、Content Area、底部操作区。此类页面结构主要适用于相机拍摄、视频录制、录音、音乐等媒体类应用主页。
2、Content Area。此类页面结构适用于全屏浏览照片、视频、音频等页面。

图 5-17　页面结构：其他、媒体类

Control

03 控件类型

· 操作栏 Action Bar
· 顶部操作栏 Main Action Bar
· 底部操作栏 Split Action Bar
· 导航 Navigation

---

03 控件类型 │ Control

• 操作栏   Action Bar

Action Bar的主要作用在于：
1.将重要的Actions（比如新建、搜索等）置于显著的位置，方便用户快捷使用。
2.为程序提供导航功能和视图切换控件。
3.在 Action Bar 上提供 Action overflow 用于放置不常用的 Action，减少杂乱。
4.为特殊控件提供特定的区域

· 在本系统中Action Bar主要展示了两种顶面样式。它们通常有三种不同的位置：Main Action Bar，Top Bar，Bottom Bar。
· 其中Main Action Bar 包含了导航，此处往往会有返回按钮。
· 想让用户快捷在不同视图进行切换，则可使用Top Bar中的Tab切换形式；在此类中如涉及其他动作则采取 Bottom Bar的形式。

---

03 控件类型 │ Control

• 顶部操作栏 Main Action Bar

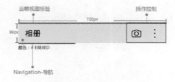

· Main Action Bar 通常表示当主页有相对应的操作时，则导航右侧显示相应的功能图标，如相册主页中的拍摄入口和对相册的更多操作。

图 5-18 控件类型：章目录、操作栏、顶部操作栏

03 控件类型 │ Control

• 底部操作栏 Split Action Bar

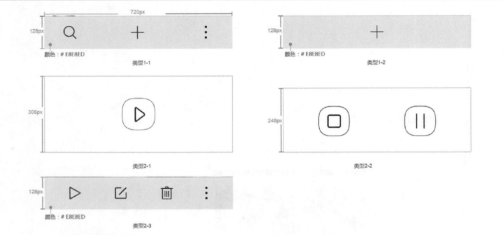

Split Action Bar主要有四大类型：

1、主页上的操作。此类Split Action Bar表示对该主页内容全局的功能补充。

2、媒体类Split Action Bar。此类便签表示对媒体播放或者时钟倒计时、计时的功能补充，常显示暂停、完成、播放、继续等媒体控件。

03 控件类型 │ Control

• 底部操作栏 Split Action Bar

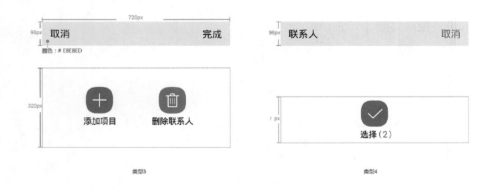

3、编辑状态下的标签栏。此类标签栏表示编辑状态下的具体功能。功能一般有"添加""删除""移动至""收藏"等。主要适用于对页面内容的编辑，如联系人的编辑、短信的编辑、通话记录的批量删除等。

4、多选调用页的标签栏。此类标签栏表示多选状态下的确认选择功能。主要适用于联系人的多选调用（单选调用时，底部无标签栏）。

图 5-19 控件类型：底部操作栏

03 控件类型 | Control

• 导航　Navigation

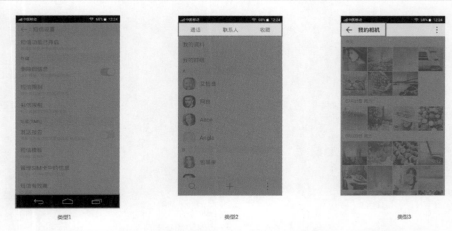

类型1　　　　　　　　　类型2　　　　　　　　　类型3

· 合理的导航设计是良好用户体验的基础。在本系统中，导航的形式主要分为三种，一种是系统导航（类型1）、一种是tab切换式导航（类型2）以及左标题形式导航（类型3）。

03 控件类型 | Control

• 导航　Navigation

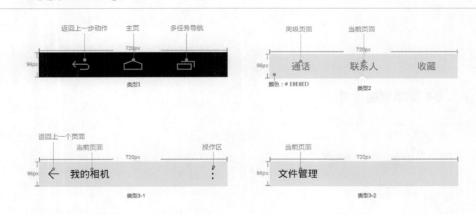

1、系统导航。

2、Tab切换形式。此类 Action Bar多适用于在主页中，具有2~4个同等地位的类型导航。如联系人主页、短信列表主页、日历主页、时钟主页等。

3、左标题形式。此类导航多适用于只有 1 个主要内容的一级页面。如文件管理主页、相册主页等。当主页有相对应的操作时，则导航右侧显示相应的功能图标，如相册主页中的拍摄入口和对相册的更多操作。

图 5-20　控件类型：导航

Object

04 对象说明

· 图标 Icon
· 小控件 Control
· 文本框 Text box
· 系统按钮 Button
· 字体 Type

04 对象说明 | Object

• 图标 Icon

启动图标

04 对象说明 | Object

• 图标—底部操作栏 Icon

图标尺寸：48px*48px

图 5-21 对象说明：章目录、图标、图标—底部操作栏

04 对象说明 | Object

• 小控件　Control

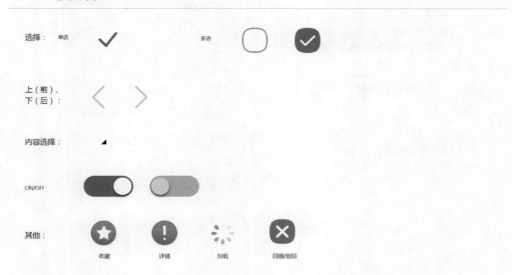

选择：　单选　　　　　　　　多选

上（前）、
下（后）：

内容选择：

ON/OFF

其他：
收藏　　　详情　　　加载　　　回删/删除

04 对象说明 | Object

• 文本框　Text box

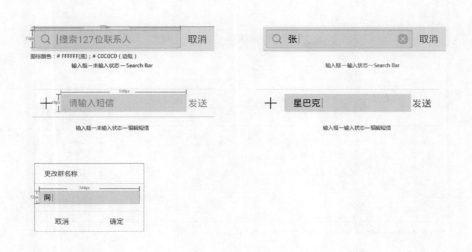

Q ｜搜索127位联系人　　　取消
图标颜色：＃FFFFFF(底)；＃COCOCO（边框）
输入框—未输入状态—Search Bar

Q 张｜　　　　　　　　取消
输入框—输入状态—Search Bar

＋　请输入短信　　　　发送
输入框—未输入状态—编辑短信

＋　星巴克｜　　　　　发送
输入框—输入状态—编辑短信

更改群名称
同｜
取消　　　确定

图 5-22　对象说明：小控件、文本框

04 对象说明 | Object

·系统按钮 Button

设置 WLAN

跳过 ＞

跳过，进入手机

显示更多

default

下一步

＋ 新建一个群

highlight（a:0.15）

＋ 自定义

＋ 添加提醒

29s　重新获取

04 对象说明 | Object

· 字体　Type

位置	图示	字体大小/颜色
Main Action Bar	← 短信设置 ❶	1：38pt/#1a1a1a 上下居中
	联系人　　　　　　　取消 ❶❸	2：36pt/#808080 上下居中
	通话　　联系人　　收藏 ❸❷	3：36pt/#0984f6 上下居中
Search Bar	Q ｜搜索127位联系人　　取消 ❹❸	4：36pt/#a7a7a7 上下居中
	Q 张｜　　　　　　　⊗ 取消 ❺	5：36pt/#1a1a1a 上下居中
	Q 搜索 ❹	

中文字体：Droid Sans Fallback Regular　　英文字体：Roboto Regular

图 5-23　对象说明：系统按钮、字体

Gesture

05 手势操作

· 基本手势 Gesture

05 手势操作 │ Gesture

• 基本手势 Gesture

点击	长按	拖动	上下移动	收拢	展开

· 选择、选择进入	· 进入编辑状态	· 移动至	· 页面/图片等上下浏览	· 进入桌面管理编辑状态 · 图片等的缩小	· 图片等的展开

图 5-24 手势操作：基本手势

Word

06 文案规范

·书写风格　Style
·样式举例　Example

06 文案规范 | Word

• 书写风格　Style

1、言简意赅

保持简洁、简单、准确。使用30个以内字符（包括空格）来进行描述，不要使用不必要的语句。

2、简单易懂

普通人都能看懂，尽量避免技术性的语言。

3、保持友好

缩略语句。直接跟读者交谈时请用第二人称（"你"）。如果你的文案读起来跟你设想的完全不同，那么你可能是用了不正确的书写方式。文案不要很突兀、不要让人讨厌，而要让用户感到安逸、快乐和活力。

4、把重要的放在前面

前两个词（大约11个字符，包括空格）至少要包括最重要的字符串信息。

5、只需要描述必要的信息

除此之外没有其他。不要试图去解释非常微妙的差别，不然就会失去很多用户。

6、避免重复

如果一个重要的语句在屏幕和文本域中反复出现，那你需要精简这个用词。

06 文案规范 | Word

• 样式举例　Example

1、删除提示

删除……？
从 "***" 中删除……？

对应动作 ➡

取消/确定

> 删除该短信，
> 不会同时删除收藏的短信
>
> 取消　　　确定

2、是/否

是否……？

对应动作 ➡

是/否

> 主屏壁纸设定成功！
> 是否同时设定为锁屏壁纸
>
> 否　　　是

图 5-25　文案规范：章目录、书写风格、样式举例

后　记

　　我们从事交互设计的教学和实践已经很久了，在教学和工作中经常会碰到一些想要学习交互设计和希望从事交互设计工作的同学和朋友，但他们又苦于因为目前交互设计还不是学校正式设置的专业，很难找到合适的教材和资料；只有部分国内高校的工业设计、数字媒体等专业可能开设了交互设计的部分课程，而其他没专业学习机会的学生就只好自学，或者去培训中心接受短期培训，或者直接进入企业边做边学。尽管在教学、培训和实践中，我们发现五花八门交互设计的书，但从国内交互设计实践出发的书却相对缺乏，而新人最需要的恰恰是这样的实用入门书。

　　这是我们计划出版"跨界思维"系列的第一本书，今后会每一两年出一本，把我们在实践、教学中的好东西整理出来，奉献给广大爱好交互设计的朋友们，希望对他们的工作会有所帮助。

　　由于时间很紧，我们的第一本书就以设计实践为核心，当然理论依据也是交互设计很重要的基础，虽然本书未作重点介绍，但在后续的书中，我们会着重写的。请大家继续关注吧。

　　在此感谢仕优集资本的谢中仕先生、金松优诺电器集团董事长罗俊先生为本书提出了宝贵的参考意见；感谢陈姣、吕晓晨和段苏珊同学，她们是我们浙江工业大学交互设计研究所的研究生，为本书做了大量的内容编辑工作；感谢跨界科技的刘喆、黄杰斌、查丽娜、杜沛和乐京波等设计师，他们为本书的案例整理、插图设计做了大量基础资料整理的工作。

　　最后，感谢我们尊敬的导师何人可教授为本书作序，我们永远感激在湖南大学的日子，那一段学习与工作的经历让我们终身受益。